Jean Charvolin, Jean-François Sadoc

Tores et Torsades

Des associations supramoléculaires insolites

SAVOIRS ACTUELS

EDP Sciences/CNRS ÉDITIONS

Imprimé en France.

ISBN EDP Sciences 978-2-7598-0452-8
ISBN CNRS ÉDITIONS 978-2-271-07231-3

Table des matières

Préface

Les tores et torsades du titre de cet ouvrage sont beaucoup plus que de jolies formes géométriques. Ce sont des assemblages moléculaires spontanés, objets d'études variées en physique de la matière molle, mais que l'on retrouve dans de nombreux matériaux biologiques, membranes ou fibres, où ils assurent des fonctions essentielles. Ce sont aussi des architectures optimales, comme on va le découvrir.

En mettant en parallèle des formes de la physicochimie et celles de la biologie, les auteurs s'inscrivent dans le cadre des études morphogénétiques initiées par D'Arcy Thompson qui argumente que les organismes vivants sont modelés par des forces physiques s'exerçant sur une matière susceptible de grandes déformations plastiques. Ce point de vue fut ardemment défendu en France par Yves Bouligand dont les descriptions de matériaux biologiques très divers, sujets de fréquentes discussions avec les auteurs, ont considérablement élargi cette conception de la morphogenèse.

Alors que la morphogenèse selon D'Arcy Thompson concernait des formes macroscopiques adoptées sous la pression de forces physiques externes, il s'agit maintenant du façonnage d'assemblages moléculaires microscopiques par des forces physiques internes et externes contradictoires, où les symétries des interactions entre molécules, amphiphilité ou chiralité, sont génératrices de défauts, écarts à une stricte uniformité. Les formes et leur extension sont déterminées par une compétition entre un ordre local souhaité par les forces physiques internes et un désordre imposé de l'extérieur par la nécessité de remplir l'espace, d'entourer une région ou d'avoir une certaine flexibilité. Les objets toriques ou torsadés décrits ici en sont les solutions optimales. La prise en compte des symétries de base permet une formulation géométrique et topologique rigoureuse de la nature de ces défauts qui conduit à les traiter suivant une seule et même approche en dépit de leur diversité.

On passe alors de la cristallographie à la géométrie, de l'espace réciproque à celui des formes, du cristal à la matière molle, en donnant une raison d'être aux défauts et à des concepts dénommés comme des cas cliniques (frustration) ou par ce qu'ils ne sont pas (*désordre, amorphe, dis*location). Les formes abstraites sont des solutions optimales aux problèmes précis qu'on regroupe sous le nom de frustration. Ce qui n'est en matière dure qu'un compromis imposé par la frustration devient dans la matière molle et dans les matériaux biologiques une solution géométrique unique et organisée.

Quels sont les problèmes, comment formuler chacun d'eux en une question qui a une réponse unique et quelle est cette réponse ? Voilà ce qui est discuté dans cet ouvrage où les auteurs se sont efforcés d'ouvrir l'accès aux concepts nécessaires de la façon la plus intuitive possible.

Les premiers travaux des auteurs, verres désordonnés pour J.-F. Sadoc et nanoparticules métalliques insérées dans des cristaux isolants pour J. Charvolin ne laissaient présager ni une telle évolution à l'époque où ils furent entrepris ni leur collaboration. C'est ensemble qu'ils nous invitent maintenant à les accompagner dans cette démarche transdisciplinaire de la matière bien ordonnée aux matériaux biologiques en passant par la matière molle, une promenade ni stressante ni frustrante avec pour seul guide la notion de frustration géométrique.

Nicolas Rivier
Institut de Physique et Chimie des Matériaux

Avant-propos

Cet ouvrage est destiné aux chercheurs, enseignants et étudiants du niveau master dont la curiosité a été stimulée par le remarquable polymorphisme structural des associations supramoléculaires présentées par les phases liquides cristallines et de nombreux matériaux biologiques. Nous décrivons ici les structures d'objets nanoscopiques aussi divers que les vésicules et structures toriques construites par des molécules amphiphiles ou des phospholipides des membranes cellulaires et les structures et fibres torsadées construites par des molécules de cristaux liquides, des polymères ou des macromolécules comme l'ADN et le collagène. Après avoir remarqué que les interactions entre les molécules impliquées dans ces associations ne permettent pas la propagation d'un ordre périodique parfait nous avons développé le point de vue suivant lequel ce sont les écarts à cet ordre, ou défauts, qui dominent ce polymorphisme.

Pour cela, nous avons étendu à ces matériaux relevant de la matière condensée dite « molle » le concept de « frustration » initialement utilisé pour décrire de nombreux systèmes imparfaitement ordonnés relevant de la matière dite « dure ». Les modèles structuraux ainsi obtenus rendent parfaitement compte des structures observées, avec un nombre très réduit de paramètres, et constituent les bases requises pour analyser leur stabilité thermodynamique. Cet accord illustre remarquablement l'universalité du concept et la puissance des outils géométriques et topologiques qu'il nécessite.

Ces outils ne sont pas d'un usage courant. Nous les présentons en nous appuyant sur de nombreuses illustrations afin que notre démarche puisse être suivie sans devoir faire intervenir le formalisme mathématique les justifiant. Le lecteur souhaitant mettre en œuvre ces outils trouvera ce dernier dans des appendices succédant au texte.

Ces travaux ont été développés à partir des années 1980 dans le Laboratoire de Physique des Solides d'Orsay. Puisqu'ils concernent des objets construits par des associations moléculaires en milieux liquides, souvent des solutions, ils peuvent sembler être en marge des intérêts du laboratoire. Ils y ont cependant toute leur place et le rappeler permet de préciser l'état d'esprit qui a motivé cette évolution.

La thématique de ce laboratoire à son origine, il y a près de cinquante ans, était l'analyse des relations entre les structures des solides et leurs propriétés. Ces dernières apparaissant presque toujours affectées par la présence d'imperfections à l'ordre cristallin il devenait évident que l'analyse structurale ne pouvait rester limitée à la seule caractérisation cristallographique des structures. Elle devait faire une large place à la description de tous les écarts à cet ordre, non seulement ceux introduits par des impuretés, même très diluées, et l'agitation thermique, mais aussi les ruptures de symétrie. En partant du cristal, objet géométrique de symétrie parfaite, il fut possible d'analyser ces écarts en termes de défauts ponctuels, défauts de translation et de rotation pour les plus courants c'est-à-dire en des termes purement géométriques.

Ce rôle de la géométrie dans la description des solides s'amplifia encore dans les années 70 quand on s'intéressa à des systèmes dans lesquels les interactions entre les atomes ou moments magnétiques s'opposent à la construction d'un ordre périodique parfait. Dans de tels systèmes, dits frustrés, l'ordre ne peut se propager à longue distance en raison de la topologie de l'espace euclidien. On rechercha alors des espaces non euclidiens dans lesquels cette propagation devient possible de façon à relaxer la frustration et obtenir des objets virtuels parfaits pouvant servir de base à l'analyse des objets réels. L'objet virtuel satisfait les interactions entre les éléments constitutifs et ses symétries permettent de définir les défauts strictement nécessaires qu'il faut introduire pour construire un objet réel dans l'espace euclidien.

À la même époque, le renouveau d'intérêt pour les cristaux liquides proposa un champ d'actions originales pour les compétences du laboratoire. Certaines de ses équipes s'écartèrent alors du domaine de la matière « dure » pour entrer dans celui de la matière « molle ». La mollesse de cette matière a parfois laissé penser qu'elle pouvait être moins soumise à la rigueur de la géométrie, mais l'analyse des textures des phases liquides cristallines annonçait qu'il ne pouvait en être ainsi. Ceci fut confirmé, non seulement en ce qui concerne les textures, mais aussi les structures périodiques à grande maille, construites par des systèmes aussi divers que les cristaux liquides smectiques ou cholestériques et les films d'amphiphiles. L'utilisation de la notion de frustration, en l'appliquant à la courbure d'une surface ou la torsion d'un champ de directeurs, et non plus à un ordre local atomique ou magnétique, établit alors la parenté inattendue de ces structures avec celles de certains solides.

Une nouvelle étape fut abordée au début des années 90 lorsque des équipes travaillant sur la condensation de l'ADN et les associations de protéines en longues fibres s'installèrent au laboratoire. Leurs travaux mettaient en évidence des frustrations liées à la torsion imposée par la chiralité des macromolécules et stimulèrent une analyse inspirée de celle développée dans le cas des cristaux liquides. Il fut alors possible de traiter des systèmes aussi divers, aussi bien au niveau moléculaire qu'au niveau structural ou morphologique, dans un cadre conceptuel unique.

Des ouvrages présentant l'application de cette approche aux systèmes de la matière « dure » existent déjà, ce n'est pas le cas pour ceux de la matière « molle » ou biologique. Nous avons donc pensé utile de leur consacrer un ouvrage spécifique. D'une part, il permet de mettre en lumière des frustrations différentes de celles rencontrées dans les solides, d'autre part il permet de poser les bases qui devraient être utiles à l'examen de matériaux biologiques denses autres que l'ADN ou le collagène.

Enfin, le lecteur remarquera que le riche polymorphisme auquel nous nous sommes intéressés peut être considéré comme un ensemble de variations construites à partir d'un archétype structural unique. En cela notre travail rejoint certaines préoccupations des études morphogénétiques visant à relier la grande variété des formes naturelles à un petit nombre de structures fondamentales. Nous sommes redevables à Yves Bouligand, malheureusement décédé le 21 janvier 2011, et à Nicolas Rivier d'avoir attiré notre attention sur cette possible contribution à un vaste domaine et multiplié les encouragements à la développer au cours de nombreuses discussions amicales. Nous remercions très chaleureusement Nicolas Rivier d'avoir bien voulu le souligner en préfaçant cet ouvrage.

Chapitre 1

Introduction

« *Ucello versait toutes les formes dans le creuset des formes. Il les réunissait, et les combinait, et les fondait, afin d'obtenir leur transmutation dans la forme simple dont dépendent toutes les autres... Il crut qu'il pourrait muer toutes les lignes en un seul aspect idéal.* » Marcel Schwob (*Vies imaginaires*).

Les travaux effectués pendant ces dernières décennies dans les domaines des sciences de la matière et du vivant ont mis en lumière les remarquables capacités d'auto-assemblage de diverses molécules d'origines synthétique ou biologique. Ces molécules s'organisent spontanément pour construire des objets de tailles micrométriques ou submicrométriques, finis ou infinis, et présentant des formes extrêmement diverses parmi lesquelles se distinguent celles en tores et torsades. Ces formes originales n'ont *a priori* aucun point commun, nous commençons donc en décrivant deux objets finis qui nous permettent d'évoquer la nature des problèmes que proposent tous ces objets et comment ces problèmes peuvent être résolus dans une démarche commune.

1.1 Vésicule torique de molécules amphiphiles et torsade du collagène

Ces deux objets sont représentés sur la figure 1.1. La vésicule torique ressemble à une chambre à air sans valve, mais sa dimension est d'ordre micrométrique et sa paroi est un film bimoléculaire d'épaisseur nanométrique construit par des molécules amphiphiles associées côte à côte. La triple hélice de la torsade résulte de l'association de trois simples hélices polypeptidiques de collagène, elle ressemble à un cordage, mais son diamètre est d'ordre nanométrique et sa longueur est quasi micrométrique. On remarque que la chiralité de la triple hélice est droite, alors que celle de la simple hélice est gauche. Cette torsade est l'élément de base des fibres de collagène des tissus biologiques.

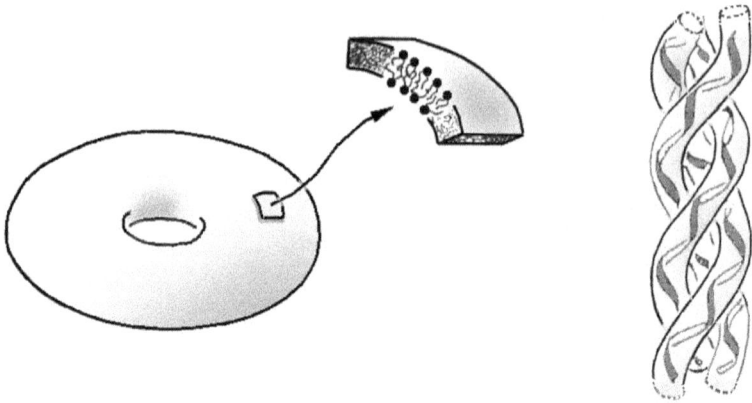

FIG. 1.1 – Vésicule présentant la topologie d'un tore à une anse (taille caractéristique : plusieurs μm), sa paroi est un film de molécules amphiphiles (épaisseur de l'ordre de quelques nm), et fragment d'une torsade formée par trois hélices polypeptidiques de collagène associées en une triple hélice (longueur 300 nm, diamètre 1 nm).

La cohésion de ces assemblages finis, ainsi que celle des assemblages infinis et périodiques que nous présenterons bientôt, ne repose jamais sur des liaisons chimiques covalentes (énergies de plusieurs $kT_{amb.}$), mais sur des forces intermoléculaires plus faibles comme celles provenant des interactions entre les champs électriques des molécules (interaction de Van der Waals) et de leurs ions (interaction coulombienne écrantée), les liaisons hydrogène et des forces de nature entropique (hydrophobe en particulier). Les énergies associées ne sont jamais éloignées de $kT_{amb.}$ si bien que l'énergie libre qui détermine la stabilité de ces objets microscopiques est marquée par une compétition serrée entre ces énergies et différents termes entropiques. Ces objets sont alors très sensibles à la température et éventuellement à la force ionique, associée à la concentration en sel écrantant les champs électriques, cela rend leur étude délicate, mais c'est aussi la source de leur remarquable polymorphisme.

Cette brève description soulève deux questions :

– en quoi la formation spontanée de tels objets est-elle remarquable ?

– pourquoi traiter conjointement des objets aussi disparates ?

1.2   Des objets contraints dans l'espace euclidien

Comme représenté sur la figure 1.2, un tore est la surface de révolution engendrée par un cercle tournant autour d'une droite de son plan ne passant

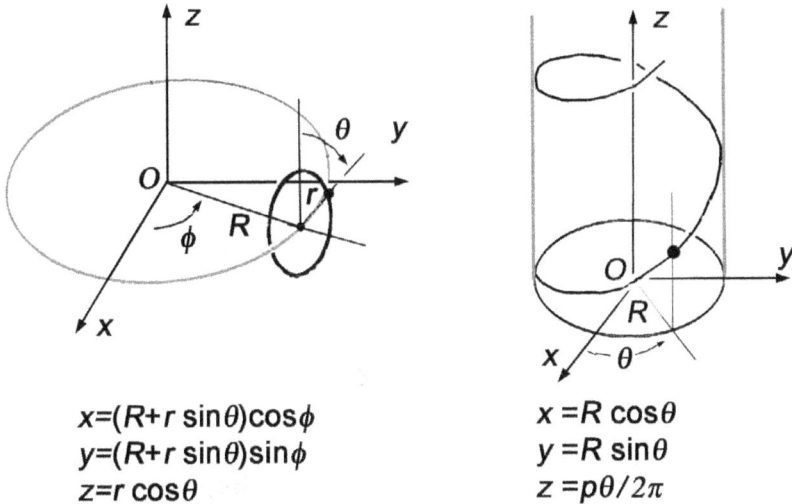

$$x=(R+r\sin\theta)\cos\phi$$
$$y=(R+r\sin\theta)\sin\phi$$
$$z=r\cos\theta$$

$$x=R\cos\theta$$
$$y=R\sin\theta$$
$$z=p\theta/2\pi$$

FIG. 1.2 – Définitions géométriques d'un tore et d'une hélice.

pas par le centre du cercle, il est caractérisé par le rapport $\alpha = R/r$; et une torsade est constituée d'hélices, des courbes engendrées par un point se déplaçant autour d'un axe en rotation et translation uniformes.

Pour le géomètre, il s'agit donc d'objets assez simples, mais il n'en est pas de même pour le physicien car les matériaux constituant ces objets ne sont pas uniformément conformés. Les éléments de surface ou les courbes hélicoïdales de ces objets sont en effet dans des états différents suivant leur position.

Dans le cas d'un tore, les deux courbures principales de sa surface en un point (définies dans l'appendice C) varient selon le point considéré, ainsi leur produit est nul le long des deux cercles de contact avec les plans tangents horizontaux, $\theta = 0$ ou π, positif tout le long du cercle extérieur, $\theta = \pi/2$, et négatif tout le long du cercle intérieur, $\theta = 3\pi/2$. Dans le cas d'une torsade d'hélices de même pas p, les longueurs et angles de torsion de ces hélices varient avec leurs distances R à l'axe comme $(R^2 + \frac{p^2}{4\pi^2})^{1/2}\theta$ et $\frac{p}{2\pi(R^2+\frac{p^2}{4\pi^2})^{1/2}}\theta$. Les contraintes internes associées à ces distributions de courbure dans un cas ou de longueur et torsion dans l'autre cas semblent a priori peu favorables à la formation spontanée de tels objets. On observe d'ailleurs, à notre échelle, que la fabrication des objets toriques ou torsadés de la vie courante nécessite la mise en œuvre de techniques subtiles par les mouleurs, chaudronniers, câbliers ou cordiers qui façonnent les plaques ou fibres en appliquant les forces ou couples adaptés. De même, dans le monde vivant, l'acquisition de la topologie torique par l'embryon, les croissances des vrilles végétales ou de la torsade effilée de la dent du narval s'inscrivent dans un cadre élargi de mécanismes biologiques complexes.

Les origines des formes adoptées spontanément par les objets microscopiques de la figure 1.1 sont donc à rechercher dans une caractéristique intrinsèque du matériau seul, une expression de propriétés moléculaires globales
puisque des liaisons covalentes spécifiques liant les molécules n'interviennent
pas dans leurs assemblages, hors éventuellement des liaisons hydrogènes. Nous
retiendrons ici les propriétés moléculaires globales que sont l'amphiphilité qui
détermine une organisation moléculaire en films de courbure donnée pour les
tores ou la chiralité qui induit la torsion dans les torsades et nous imposerons
la compacité aux assemblages de ces molécules.

1.3 Des modèles libres de contraintes dans un espace non euclidien

La géométrie euclidienne impose très souvent des contraintes telles que
certaines propriétés structurales ne sont pas distribuées uniformément. C'est
souvent le résultat d'une compétition entre propriétés contradictoires, surtout
courbure ou torsion et compacité. Retenir les seules exigences de courbure
ou chiralité et de compacité, faciles à formuler en termes purement géométriques, permet de rechercher des configurations y répondant de façon uniforme. Comme on vient de le voir, ces configurations uniformes sont impos-
sibles dans notre espace euclidien, elles doivent être recherchées dans un espace
non euclidien. Disposant de ces configurations comme modèles de référence,
il est alors possible d'examiner comment construire les objets réels à partir
d'elles et comment s'organisent les écarts à la configuration idéale.

En fait, c'est dans l'espace tridimensionnel uniformément courbé de l'hypersphère qu'il devient possible de construire aussi bien des tores que des
torsades uniformes. Cet espace est donc la matrice commune dans laquelle les
exigences de compacité et de courbure ou de torsion peuvent être satisfaites
simultanément, c'est là que s'établit la parenté profonde qui lie ces deux types
d'objets apparemment très différents, qui justifie et explique leur traitement
conjoint. L'existence d'objets combinant les caractéristiques du tore et de la
torsade, comme un agrégat torique d'ADN représenté en figure 1.3, nécessite
par ailleurs un tel traitement.

1.4 Démarche adoptée

Nous assemblons d'abord les molécules dans l'hypersphère de façon compacte en respectant les exigences de courbure ou de torsion, puis nous trans-
férons l'espace courbe de l'hypersphère avec les configurations uniformes qu'il
contient dans notre espace euclidien. Pour cela, nous choisissons, parmi plusieurs transformations géométriques possibles, celles qui préservent au mieux
une caractéristique de la configuration uniforme que l'on pense importante

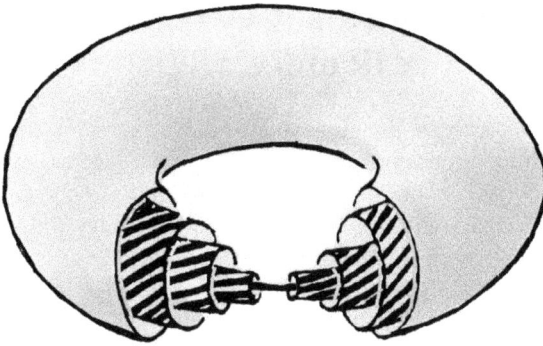

FIG. 1.3 – Représentation « éclatée » schématique de ce que pourrait être l'organisation de longues molécules d'ADN dans un agrégat torique de cette molécule, les surfaces ne sont dessinées que pour supporter la trajectoire des molécules (diamètre hors-tout de l'ordre de 100 nm et distance entre fibres de 2,7 nm). Ce mode particulièrement original de condensation de l'ADN est pour l'instant observé dans des conditions physico-chimiques particulières, mais il semble pouvoir être mis en relation avec des modes de condensation strictement biologiques, comme celui de l'ADN dans les capsides de virus.

dans l'objet réel, concernant par exemple sa topologie, certaines symétries, une fonctionnelle attachée à une énergie, un rapport aire/volume. Les configurations ainsi transférées ne sont évidemment plus uniformes, mais la comparaison des déformations imposées par le transfert avec celles présentées par les objets observés nous permet d'apprécier la validité des choix précédents et le rôle de la caractéristique retenue.

Les distorsions introduites par le passage dans l'espace euclidien sont, dans la plupart des cas étudiés, tout à fait semblables à celles que présentent les objets réels. Un tel accord obtenu en suivant une démarche dominée par la géométrie, qui « lisse » la complexité physico-chimique, peut surprendre, mais on ne doit pas oublier que la physique y est toujours présente de façon implicite. L'énergie des configurations assemblées dans l'espace virtuel est en effet minimale par rapport aux exigences de densité, courbure ou torsion et le transfert de ces configurations dans notre espace euclidien définit les distorsions minimales nécessaires où sont localisés les coûts en énergie d'interaction entre molécules. La formation spontanée et la stabilité de bien des tores et torsades relevant de la physico-chimie ou du monde vivant peuvent être ainsi justifiées à partir de termes simples, non spécifiques.

Cette démarche s'inspire en fait très fortement de celles déjà pratiquées dans d'autres domaines de la matière condensée pour analyser les structures des matériaux amorphes, alliages métalliques et quasicristaux.

1.5   Structures toriques et torsadées des cristaux liquides

Si les tores et torsades que nous venons d'évoquer sont des objets finis, au moins suivant deux dimensions pour les seconds car leur extension latérale est toujours limitée, ces courbures ou torsions particulières ont aussi été trouvées dans des organisations infinies et périodiques de films d'amphiphiles ou de molécules chirales. Deux de ces organisations périodiques, donc cristallines, sont représentées sur la figure 1.4. Les molécules chirales de la seconde peuvent être de longs polymères, mais dans la plupart des cas, ce sont des molécules de taille moyenne, quelques 100 daltons, qui, du fait de leur forme allongée, ont une direction d'alignement commune, un directeur. La chiralité moléculaire induit alors une torsion dans le champ de directeurs.

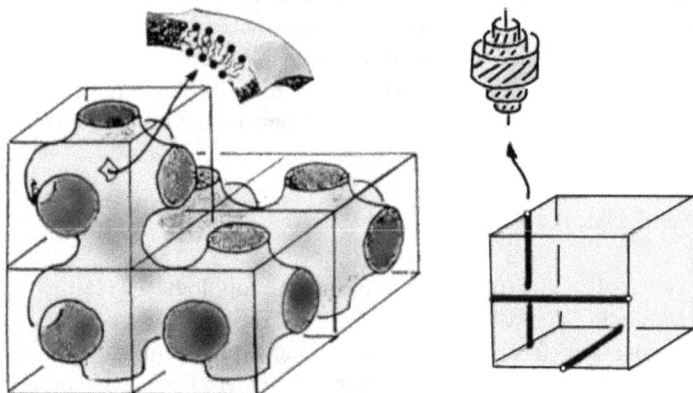

FIG. 1.4 – Deux représentation schématique de structures cubiques formées l'une par un film de molécules amphiphiles (paramètre de maille de l'ordre de 10 nm), et l'autre par des molécules mésogènes chirales (paramètre de l'ordre de 150 nm). La surface médiane du film de la première est un assemblage de tores et le champ du directeur de la seconde, les hélices des cylindres emboîtés, se développe en torsades au long de trois directions orthogonales dans la maille.

On peut deviner sur cette figure que ces structures infinies sont tout aussi peu uniformes que les objets finis : dans la première, des régions courbées et plates coexistent et, dans la seconde, si les torsades s'accordent au point de contact de deux tiges orthogonales en permettant à la torsion de se propager de l'une à l'autre, cette propagation doit être fortement perturbée en dehors de ce point. Ces deux exemples sont des structures construites par des systèmes physico-chimiques, mais on verra plus tard que des analogies peuvent être établies avec des structures de systèmes biologiques. Ces dernières présentent des topologies et symétries semblables, mais, souvent, les paramètres de maille sont d'un ou deux ordres de grandeur supérieurs. Ces grande variations de longueurs caractéristiques renforcent la pertinence d'une approche topologique.

Nous montrerons que toutes ces structures infinies peuvent se déduire aussi des tores et torsades uniformes de l'hypersphère. La démarche ne différera de celle utilisée pour les objets finis présentés plus haut que par le choix d'une méthode de projection dans l'espace euclidien adaptée à la création d'objets infinis et définissant les symétries possibles. Bien que les détails des structures chimiques des molécules engagées dans la construction de ces structures infinies et périodiques soient d'une très grande variété, comme le sont les conditions d'assemblage et les échelles spatiales, il devient clair que ces détails ne jouent pas un rôle dominant dans ces morphogenèses. Autrement dit, le fait de mettre l'accent sur le remplissage de l'espace sous l'effet de contraintes physiques non spécifiques et s'exprimant en des termes purement géométriques ouvre la voie à l'établissement d'une cristallographie des systèmes de films courbés ou de fibres torsadées particulière.

Dans ce cadre, ces structures complexes de la physico-chimie ou du monde vivant peuvent être alors décrites comme des juxtapositions de régions gardant « mémoire » du passage dans l'hypersphère et de régions défectueuses par rapport aux précédentes mais leur donnant accès à la réalité. Une cristallographie originale qui est celle des défauts d'organisation permettant aux assemblages des molécules de propager au mieux un ordre local qui n'est pas adapté à notre espace.

C'est là un premier niveau d'approche qui peut servir de support à la prise en compte ultérieure de caractères plus spécifiques.

1.6   Plan de l'ouvrage

Dans les deux premiers chapitres, nous décrivons :

- la géométrie de l'hypersphère,
- les transformations utilisées pour le transfert dans l'espace euclidien.

La géométrie d'un espace tridimensionnel non-euclidien est une abstraction que nous essayons de rendre sensible en procédant le plus souvent par analogie à partir de figures nécessairement dessinées dans notre espace euclidien. On trouvera des introductions à cette géométrie dans des ouvrages généraux comme « *Geometry and imagination* » de Hilbert et Cohn-Vossen [1] ou « *Introduction to geometry* » de Coxeter [2] et dans un ouvrage la mettant en œuvre pour analyser des structures frustrées de la matière « dure » [3]. Les points majeurs de notre approche intuitive sont par ailleurs développés rigoureusement dans une série d'appendices placés hors du texte. Enfin, les principaux éléments utiles à notre démarche sont aussi présentés de façon remarquablement didactique sur le site www.dimensions-math.org de A. Alvarez, E. Ghys et J. Leys.

Dans les chapitres suivants, nous examinons successivement les structures :

- toriques, vésicules finies et cristaux cubiques infinis formés par les films de molécules amphiphiles,

- torsadées, tresses de longues molécules et cristaux cubiques de molécules chirales.

L'accent est mis sur les systèmes physico-chimiques, mais, chaque fois que cela peut être pertinent, nous citons des analogues biologiques et nous discutons la portée de l'analogie.

Enfin, pour conclure, nous envisageons de façon prospective comment la notion de défauts d'assemblage pourrait contribuer à l'analyse des phénomènes remarquables que sont le contrôle du développement latéral des torsades biologiques et leur éventuelle inclusion dans des structures hiérarchiques.

Chapitre 2

Espace non euclidien de l'hypersphère

2.1 L'hypersphère, un espace tridimensionnel courbé

L'hypersphère[1] est un espace tridimensionnel, comme notre espace usuel, mais alors que celui-ci est un espace euclidien sans courbure, l'hypersphère est un espace non euclidien uniformément courbé. En dépit de l'aura de mystère dont certains l'entourent, c'est un objet géométrique assez simple. On peut facilement en comprendre la nature en progressant pas à pas, du cercle à la sphère puis à l'hypersphère, dans des espaces de dimensionnalités croissantes. Tout d'abord, le cercle S_1 est le lieu des points d'un plan à égale distance R d'un point central, $x_1^2 + x_2^2 = R^2$, c'est une ligne, un espace unidimensionnel uniformément courbé plongé dans l'espace bidimensionnel euclidien du plan R_2. Ensuite, la sphère S_2 est le lieu des points de l'espace tridimensionnel euclidien à égale distance R d'un point central, $x_1^2 + x_2^2 + x_3^2 = R^2$, c'est une surface, un espace bidimensionnel uniformément courbé plongé dans notre espace tridimensionnel euclidien R_3. Enfin, un pas de plus dans cette progression permet de définir l'hypersphère S_3 comme le lieu des points de l'espace quadridimensionnel euclidien à égale distance R d'un point central, $x_1^2 + x_2^2 + x_3^2 + x_4^2 = R^2$, c'est un espace tridimensionnel, un volume, uniformément courbé plongé dans un espace quadridimensionnel euclidien R_4.

---

1. Hypersphère est un terme générique, utilisé pour toutes les dimensions d'espace. La notation 3-sphère est souvent utilisée pour l'objet qui nous concerne. Le terme hypersphère ou S_3 utilisé ici permet d'éviter simplement la confusion avec le terme sphère utilisé pour la sphère usuelle ou S_2.

De la même façon que l'équation de la sphère permet de la décrire comme un empilement selon x_i de cercles S_1 dans R_3, ses sections par des plans bidimensionnels $-R \leq x_i \leq R$, celle de l'hypersphère permet de la décrire comme un emboîtement selon x_i de sphères S_2 dans R_4, ses sections par des espaces tridimensionnels tels que $-R \leq x_i \leq R$. Ainsi, si notre espace tridimensionnel n'était qu'une section d'un espace quadridimensionnel, on détecterait sa traversée par une hypersphère en voyant apparaître le point à gauche de la figure 2.1, point qui gonflerait jusqu'à devenir une sphère de rayon R qui se viderait ensuite pour redevenir un point avant de disparaître.

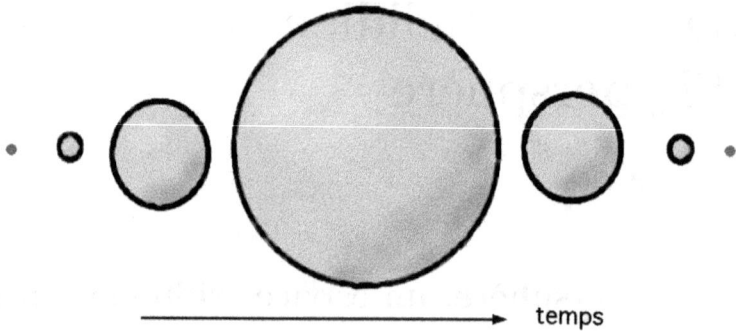

FIG. 2.1 – Ce que l'on verrait défiler dans le temps si notre espace était traversé par une hypersphère S_3, à regarder comme les images d'un film.

Dans le cas de la sphère S_2, sa structure en cercles empilés et la symétrie qui lui correspond ont conduit à exprimer ses coordonnées cartésiennes en fonction des deux paramètres angulaires de la figure 2.2 selon :

$$x_1 = R \sin\theta \cos\phi$$
$$x_2 = R \sin\theta \sin\phi$$
$$x_3 = R \cos\theta$$

avec $\theta \in [0, \pi]$ et $\phi \in [0, 2\pi[$.

Les deux paramètres indépendants θ et ϕ suffisent pour décrire l'objet bidimensionnel qu'est la surface de la sphère S_2 de rayon R, ce sont des coordonnées intrinsèques qui dispensent de la considérer comme un objet plongé dans l'espace tridimensionnel euclidien.

En extrapolant, le volume de l'hypersphère S_3 de rayon R doit pouvoir être décrit en utilisant trois coordonnées intrinsèques θ, ϕ, ω dispensant de la considérer comme un objet plongé dans l'espace quadridimensionnel euclidien. Deux modes de représentation sont alors possibles qui montrent que l'hypersphère peut être vue, non seulement comme l'emboîtement de sphères évoqué plus haut, mais aussi comme un emboîtement de tores.

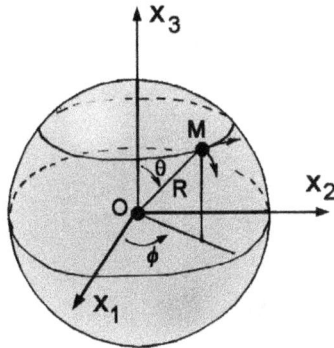

FIG. 2.2 – La sphère S_2 en coordonnées polaires, les cercles évoqués plus haut ont un rayon $R \sin \theta$.

2.1.1 L'hypersphère en coordonnées sphériques

On écrit les coordonnées sous la forme :

$$x_1 = R \sin \theta \cos \phi \sin \omega$$
$$x_2 = R \sin \theta \sin \phi \sin \omega$$
$$x_3 = R \cos \theta \sin \omega$$
$$x_4 = R \cos \omega$$

avec $\theta \in [0, \pi]$, $\phi \in [0, 2\pi[$ et $\omega \in [0, \pi]$.

Dans ce système de coordonnées, les surfaces à ω constant sont des sphères de rayon $R \sin \omega$ centrées sur les points de S_3 correspondant à $\omega = 0, \pi$. On retrouve sur la figure 2.3 l'emboîtement de sphères décrit plus haut ou les sphères que l'on verrait croître puis décroître si une hypersphère traversait notre espace. Parmi ces sphères, celle à $\omega = \pi/2$, dite grande sphère, a un rayon R et est à égales distances des deux points $\omega = 0$ et π, elle sépare S_3 en deux sous-espaces identiques, comme l'équateur sépare S_2 en deux hémisphères identiques.

Les grands cercles de rayon R tracés sur les grandes sphères S_2 sont les lignes géodésiques de ces dernières ainsi que de l'hypersphère S_3, de même que dans l'espace euclidien les géodésiques sont des droites, à la limite des cercles de rayon infini. Avec ce système de coordonnées, l'élément d'aire sur la surface de la sphère ω est $ds = R^2 \sin^2 \theta \sin^2 \omega d\theta d\phi$ et l'élément de volume en tout point $dv = R^3 \sin \theta \sin^2 \omega d\theta d\phi d\omega$ si bien que l'aire de la grande sphère vaut $4\pi R^2$ et le volume de l'hypersphère $2\pi^2 R^3$.

Nous citons ce système pour mémoire, nous n'aurons que peu l'occasion de l'utiliser, ce qui ne sera évidemment pas le cas du suivant.

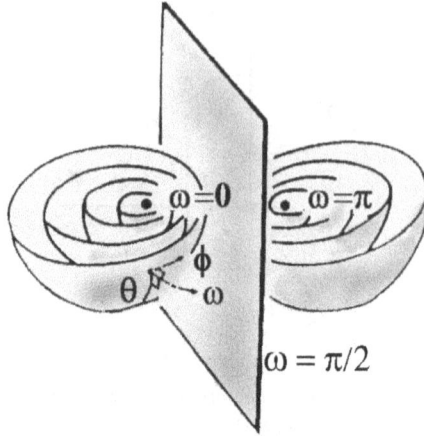

FIG. 2.3 – Projection stéréographique d'une famille de sphères S_2 de l'hypersphère S_3, le pôle de projection est sur la grande sphère S_2 $\omega = \pi/2$ qui apparaît donc ici comme un plan.

2.1.2   L'hypersphère en coordonnées toriques

On écrit les coordonnées sous la forme :

$$x_1 = R\cos\theta\sin\phi$$
$$x_2 = R\sin\theta\sin\phi$$
$$x_3 = R\cos\omega\cos\phi$$
$$x_4 = R\sin\omega\cos\phi$$

avec $\theta \in [0, 2\pi[$, $\phi \in [0, \pi/2]$ et $\omega \in [0, 2\pi[$, des angles différents de ceux utilisés pour les coordonnées sphériques.

Dans ce système de coordonnées, les surfaces à ϕ constant sont les tores de la figure 2.4 organisés autour de deux grands cercles entrelacés $x_1^2 + x_2^2 = R^2$ et $x_3^2 + x_4^2 = R^2$ obtenus pour $\phi = \pi/2$ et 0 et qui sont axes de symétrie C_∞ de l'hypersphère. Le tore à mi-chemin entre ces deux cercles, correspondant à $\phi = \pi/4$, sépare S_3 en deux sous-espaces équivalents, les deux côtés de sa surface sont identiques. Il est dit tore « sphérique » T_2, ce qui ne doit pas laisser penser que l'on peut l'assimiler à une sphère dans la mesure où on ne transformera jamais un tore en une sphère sans devoir pratiquer une chirurgie assez subtile sur les surfaces. Cette qualification tient au fait qu'il est une surface homogène comme la sphère. Il est aussi souvent appelé Tore de Clifford La distance séparant deux tores correspondant à ϕ et $\phi + d\phi$ vaut $Rd\phi$ en tout point d'un tore, les tores sont équidistants (« parallèles ») dans S_3 [4].

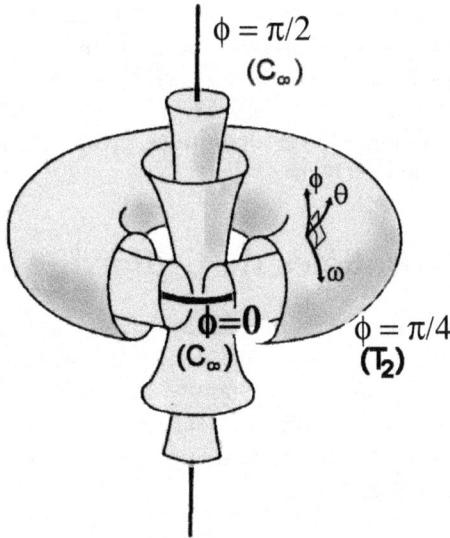

FIG. 2.4 – Projection stéréographique d'une famille de tores de l'hypersphère S_3, le pôle de projection est sur le grand cercle $\phi = \pi/2$. Cette famille possède la symétrie d'ordre 2 autour de grands cercles normaux aux tores.

Avec ce système de coordonnées, l'élément d'aire sur la surface du tore ϕ est $ds = R^2 \sin\phi\cos\phi d\theta d\omega$ et l'élément de volume en tout point $dv = R^3 \sin\phi\cos\phi d\theta d\omega d\phi$ si bien que l'aire du tore ϕ vaut $4\pi^2 R^2 \sin\phi\cos\phi$, celle du tore sphérique $2\pi^2 R^2$ et l'on retrouve le volume de l'hypersphère $2\pi^2 R^3$.

2.1.3 Symétrie de l'hypersphère

Pour S_2 vue dans R_3, les rotations sont définies autour de tous les axes diamétraux. Pour S_2 vue comme un espace bidimensionnel, les rotations se font autour de paires de points (pôles) diamétralement opposés. Les rotations de S_2 d'angles quelconques autour des pôles sont les seuls déplacements laissant la sphère globalement invariante, car les combinaisons de deux rotations sont des rotations.

Pour S_3 vue dans R_4, les rotations sont définies autour de plans passant par l'origine. Pour S_3 vue comme un espace courbe tridimensionnel, les rotations se font autour de grands cercles invariants. Ces cercles sont l'intersection des plans de rotation avec l'hypersphère.

Les rotations ne sont pas les seuls déplacements laissant l'hypersphère globalement invariante. Il y a des combinaisons de rotations qui ne sont pas des rotations. Ces déplacements ressemblent beaucoup aux déplacements hélicoïdaux dans R_3 qui sont obtenus en d'associant une rotation et une translation parallèle à l'axe de rotation ; dans S_3, il est bien sûr impossible d'avoir une translation, mais en la remplaçant par une rotation, il est possible de combiner deux rotations autour de deux grands cercles dans des plans complètement orthogonaux[2]. Dans l'appendice A consacré à la mise en œuvre du formalisme des quaternions dans l'hypersphère, nous décrivons plus explicitement ces opérations. L'ensemble de ces opérations préservant les orientations est connue comme le groupe $SO(4)$.

2.2   Tores, parallèles de Clifford

D'un certain point de vue, le tore sphérique est un objet simple, qui peut se déduire d'un carré en identifiant deux à deux ses côtés. Ceci est la conséquence d'une part du fait qu'il possède une métrique euclidienne à deux dimensions comme le plan, puisque l'élément de longueur sur sa surface s'écrit $dl^2 = \sum_{i=1}^4 dx_i^2 = \frac{R^2}{2}\left(d\theta^2 + d\omega^2\right)$, et, d'autre part que ses sections circulaires orthogonales, à ω et θ constant,

$$x_1 = R\frac{\sqrt{2}}{2}\cos\theta \text{ et } x_2 = R\frac{\sqrt{2}}{2}\cos\theta$$

$$\text{ou } x_3 = R\frac{\sqrt{2}}{2}\cos\omega \text{ et } x_4 = R\frac{\sqrt{2}}{2}\sin\omega,$$

sont deux cercles de rayons $R\sqrt{2}/2$ qui ont le même périmètre $\pi\sqrt{2}R$. Vivant dans l'hypersphère, on pourrait donc y construire le tore sphérique en identifiant deux à deux les côtés opposés d'un carré plan comme représenté sur la figure 2.5 ; du fait de la courbure de l'espace, la feuille de papier qui serait utilisée pour cela ne subirait aucune distorsion. Ces identifications sont, en ce qui concerne la répétition périodique de propriétés, tout à fait équivalentes à celle que détermine un réseau carré plan. Enfin, la longueur de la diagonale du carré étant $2\pi R$, les identifications font de cette diagonale un grand cercle géodésique de l'hypersphère et il en est de même pour toute parallèle à cette diagonale dans le carré. Ces grands cercles sont enlacés, chacun d'eux faisant un tour complet autour d'un autre.

Les mêmes considérations appliquées aux autres tores de l'hypersphère conduisent à les voir comme résultant des identifications deux à deux des côtés opposés de rectangles plans de côtés $2\pi R\cos\phi$ et $2\pi R\sin\phi$. Ces rectangles sont d'aires nulles pour $\phi = 0, \pi/2$, où ils se confondent avec deux axes particuliers de l'hypersphère[3]. On remarque que les diagonales des rectangles, comme celles du carré, sont toutes de longueur $2\pi R$ si bien que les identifications les transforment aussi en grands cercles géodésiques de l'hypersphère. Ces cercles ne se coupent jamais, ils restent à distance constante l'un

---

2. Dans R_4, ces deux plans complètement orthogonaux passant par l'origine ne se coupent qu'en ce point.

3. Ce sont deux cercles invariants dans une famille de rotations infinitésimales de l'hypersphère, des axes de symétrie C_∞. Ce sont aussi les axes de symétrie des tores

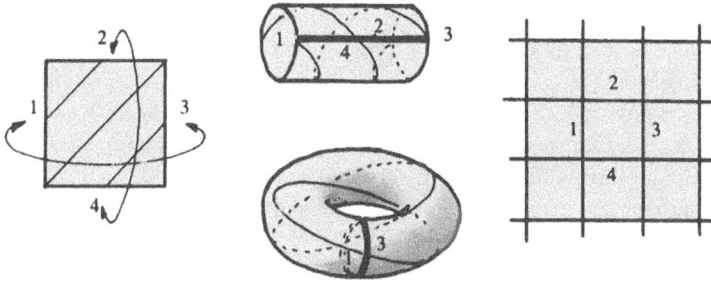

FIG. 2.5 – Construction du tore sphérique T_2 dans l'hypersphère S_3 par identification deux à deux des côtés d'un carré plan et réseau plan périodique équivalent. Une diagonale du carré et une de ses parallèles dessinent sur le tore deux grands cercles enlacés.

de l'autre, et pour cela, mais aussi en raison d'arguments venant de la notion de transport parallèle en géométrie différentielle, on les dit parallèles, les parallèles de Clifford représentées sur la figure 2.6. Deux famille de parallèles de Clifford de chiralités opposées correspondent à chaque famille de tores suivant que l'on utilise l'une ou l'autre des deux orientations des diagonales du carré et des rectangles.

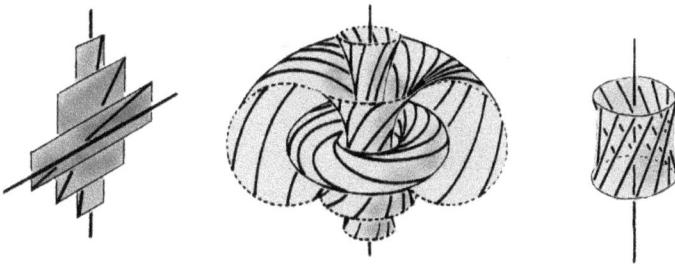

FIG. 2.6 – Représentation à « plat », avant identifications, des deux axes C_∞, du carré du tore sphérique, des rectangles de deux tores « parallèles » avec leurs diagonales. Projection stéréographique d'une famille de parallèles de Clifford et environnement local en tout point d'une parallèle.

On remarque sur cette figure qu'il existe une torsion locale isotrope autour de chaque élément de longueur de grand cercle qui provient du fait que les « diagonales » des tores tournent de $d\phi$ en passant du tore ϕ au tore $\phi + d\phi$. La rotation entre les deux grands cercles C_∞ distants de $R\pi/2$ étant de $\pi/2$, le pas d'une rotation de 2π vaut $2\pi R$. On peut formaliser ce qui vient d'être dit en revenant aux coordonnées toriques de S_3 avec leurs trois paramètres angulaires indépendants θ, ω et ϕ. Si on considère le tore ϕ et si on impose une relation linéaire $\theta = \omega + \omega_0$ entre θ et ω, on ne dispose plus alors que d'un seul paramètre indépendant dont la variation définit une courbe sur ce tore qui est un des grands cercles de l'hypersphère que nous venons d'essayer de rendre sensibles. L'hypersphère S_3 peut alors être décrite comme un ensemble de grands cercles géodésiques S_1 identiques, sans intersections, chacun d'eux identifié par les paramètres ϕ (le tore) et ω_0 (la ligne), reproductibles de l'un à l'autre par déplacement et tels que chaque point de S_3 soit sur un seul d'entre eux. La notion de torsion entre ces lignes dans un tel espace est abordée rigoureusement dans l'appendice D.

2.3   Fibration de Hopf

2.3.1   Base de la fibration

Les deux paramètres angulaires ϕ et ω_0 définissent donc une famille de parallèles de Clifford et, puisqu'ils ne sont que deux, on peut les utiliser comme des coordonnées sphériques pour représenter, comme sur la figure 2.7, chaque cercle par un point sur une sphère S_2 d'équation $y_0^2 + y_1^2 + y_2^2 = R^2/4$ ou encore :

$$y_0 = \frac{R}{2}\cos(2\phi)$$

$$y_1 = \frac{R}{2}\cos\omega_0\sin(2\phi)$$

$$y_2 = \frac{R}{2}\sin\omega_0\sin(2\phi)$$

avec $\omega_0 \in [0, 2\pi[$ et $2\phi \in [0, \pi[$.

Les deux pôles de la sphère représentent alors les deux axes C_∞ de l'hypersphère, d'où le rayon $R/2$ afin de conserver la distance $\pi R/2$ entre ces axes,

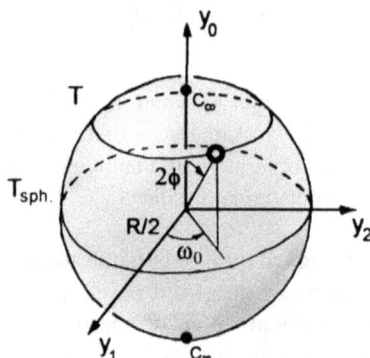

FIG. 2.7 – Représentation bidimensionnelle des grands cercles d'une famille de parallèles de Clifford par des points de la sphère S_2. Chaque grand cercle est défini par deux paramètres angulaires ϕ et ω_0.

les points de son équateur représentent les cercles portés par le tore sphérique et ceux des autres tores sont représentés par les points des parallèles à l'équateur. De cette façon, la distance entre deux grands cercles dans l'hypersphère S_3 est directement mesurée sur la sphère de base S_2.

Ce faisant, nous venons de réunir tous les éléments nécessaires à la définition d'une fibration dans l'hypersphère S_3, dite fibration de Hopf [5] : l'ensemble des géodésiques S_1 occupant entièrement l'hypersphère sans intersections entre elles, des fibres, est représenté par les points d'une sphère S_2, dite base de la fibration. Un point et un seul représente une fibre sur la base. Cette situation est analogue à celle que l'on rencontre dans l'espace euclidien R_3 dont une fibration est un ensemble de droites parallèles R_1 simplement repérées par leurs projections sur un plan orthogonal R_2. Mais pour la fibration de Hopf, la base sphérique S_2 ne peut pas être contenue dans l'hypersphère S_3, car elle y serait intersectée en deux points par chacune des fibres S_1, contrairement à la base R_2 de R_3 [4].

2.3.2 Ensemble discret de fibres

Un problème récurrent dans l'étude des organisations denses de molécules linéaires, donc avec une structure hexagonale, est d'y introduire une symétrie hélicoïdale. Seul un espace courbe peut accommoder ces propriétés incompatibles. Alors la base sphérique de la fibration de Hopf de l'hypersphère de rayon R est un outil simple pour rechercher s'il est possible d'accorder dans un cadre idéal une organisation des sections de fibres à distance d avec une torsion de pas $P = 2\pi R$ correspondant à celle voulue par leur chiralité. Les dispositions régulières, équidistantes et compactes, des points représentatifs des fibres sur la base sont fournies par les sommets des polyèdres platoniciens sphériques dont les faces sont des triangles équilatéraux tracés sur la base. Ces polyèdres sont le tétraèdre, qui permet d'assembler un nombre de fibres $n_0 = 4$ avec chacune $n = 3$ premières voisines, l'octaèdre, pour lequel $n_0 = 6$ et $n = 4$ et enfin l'icosaèdre pour lequel $n_0 = 12$ et $n = 5$, comme le montre la figure 2.8 dans le cas de l'octaèdre.

Le tableau suivant donne la relation existant entre la distance d des fibres, le rayon R de l'hypersphère, $\gamma = d/R$ étant l'angle entre deux fibres voisines, et le pas P de la torsade pour chacune des trois configurations régulières dans son hypersphère, ainsi que la comparaison avec l'organisation compacte de l'espace euclidien.

	n	n_0	$\gamma = d/R$	densité	d/P
Tétraèdre	3	4	0.9553	0.8453	0.152
Octaèdre	4	6	$\pi/4$	0.8787	0.125
Icosaèdre	5	12	0.5536	0.8961	0.0881
Plan	6	∞	0	0.9069	0

---

4. Pour celà, la fibration est dite non-triviale.

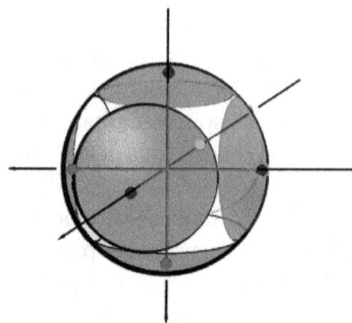

FIG. 2.8 – Disposition octaédrique compacte de six disques équidistants de d sur la sphère de base de rayon $R/2$ de l'hypersphère de rayon R, alors $4d = \pi R$. Chacun de ces disques peut être vu comme la pré-image d'un tube enlacé avec ses voisins dans S_3.

Ce tableau définit ainsi les trois torsades idéales pour lesquelles toutes les interactions en compétition sont satisfaites partout et à toutes les échelles dans S_3. Les nombres n_0 de fibres impliquées dans ces torsades sont peu élevés. Ceci n'est pas un handicap pour aborder l'analyse de comportements à l'échelle locale impliquant peu de molécules comme dans le cas des polymères fondus où la relation entre densité et torsion pourrait conduire à des domaines torsadés d'extension réduite comme mode d'enchevêtrement [6].

Des torsades contenant des nombres plus élevés de fibres équidistantes peuvent être obtenues en « décorant » chaque face triangulaire de l'icosaèdre du tableau précédent par des triangles plus petits pour atteindre le nombre de points souhaité, comme représenté sur la figure 2.9.

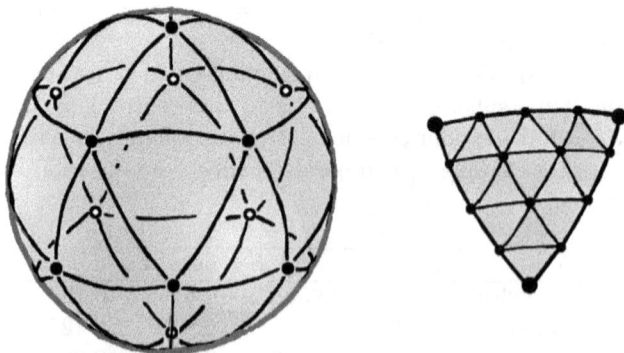

FIG. 2.9 – Décoration d'une face de l'icosaèdre sphérique par 16 triangles équilatéraux, le polyèdre final possède alors 162 sommets et 320 faces.

Chacun de ces nouveaux triangles devant avoir des côtés de longueur d, le rayon R de l'hypersphère, le pas $P = 2\pi R$ de la torsion et la densité augmentent avec la finesse de la décoration. Cette dernière préserve l'équidistance des fibres, mais les nombres de premières voisines ne sont plus constants, six dans les faces de l'icosaèdre de départ et cinq à ses sommets, l'organisation d'un nombre élevé de fibres ne peut que correspondre à des polyèdres semi-réguliers.

Enfin, si les fibres de la fibration de Hopf font chacune un tour autour de chacun des deux axes C_∞ de l'hypersphère, la notation $\{1,1\}$ caractérisant cette topologie, des fibrations dont les fibres font des nombres de tours différents autour de ces axes, donc notées $\{k,l\}$ avec k et l entiers, ont été aussi étudiées [7].

2.4   Fibrations de Seifert

Pour qu'une fibre $\{k,l\}$ fasse k tours autour d'un axe C_∞, ici l'axe $\phi = \pi/2$, et l tours autour de l'autre, ici l'axe $\phi = 0$, son tracé sur le rectangle représentant le tore la supportant doit se connecter lui-même autant de fois sur les côtés du rectangle que l'on replie en tore. On peut construire cette fibre à partir de la diagonale d'un grand rectangle dont les longueurs des côtés sont respectivement k et l fois celles du rectangle définissant le tore, comme représenté sur la figure 2.10.

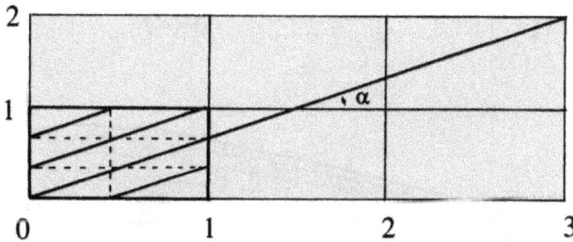

FIG. 2.10 – Tracé d'une fibre de Seifert $\{3,2\}$ sur le rectangle représentant un tore ϕ dans S_3. Ce rectangle est défini par les coordonnées $(1,1)$. Il contient toutes les répliques des tronçons de la fibre contenus dans les six rectangles formant le grand rectangle de coordonnées $(3,2)$.

Sur le tore ϕ, l'équation d'une telle ligne fixée par ω_0 s'écrit $\theta = l\omega/k + \omega_0$ et l'angle α qu'elle fait avec le côté du rectangle est tel que $k\,\mathrm{tg}\,\alpha = l\,\mathrm{tg}\,\phi$ puisque $\mathrm{tg}\,\phi$ est le rapport des côtés du rectangle. La ligne est définie par les deux paramètres ϕ et ω_0 comme dans le cas de la fibration de Hopf; on peut la représenter par un point sur une surface de base que l'on construit de la façon suivante.

D'une part, la longueur de cette fibre étant

$$2\pi R\sqrt{k^2\cos^2\phi + l^2\sin^2\phi}$$

et l'aire du rectangle du tore $4\pi^2 R^2 \sin\phi\cos\phi$, la distance entre les spires de l'enroulement est

$$\frac{2\pi R\sin\phi\cos\phi}{\sqrt{k^2\cos^2\phi + l^2\sin^2\phi}}.$$

D'autre part, les tores portant les fibres sont à une distance $R\phi$ de l'axe C_∞ origine. Il s'ensuit que la surface de base paramètrée en ϕ est une surface de révolution sur les méridiens de laquelle les points représentatifs des fibres sont à des distances $R\phi$ de l'origine et sur des parallèles de circonférence $\frac{2\pi R\sin\phi\cos\phi}{\sqrt{k^2\cos^2\phi + l^2\sin^2\phi}}$ en des positions déterminées par ω_0 [5]. Les bases de quelques fibrations $\{k, l\}$ sont représentées sur la figure 2.11.

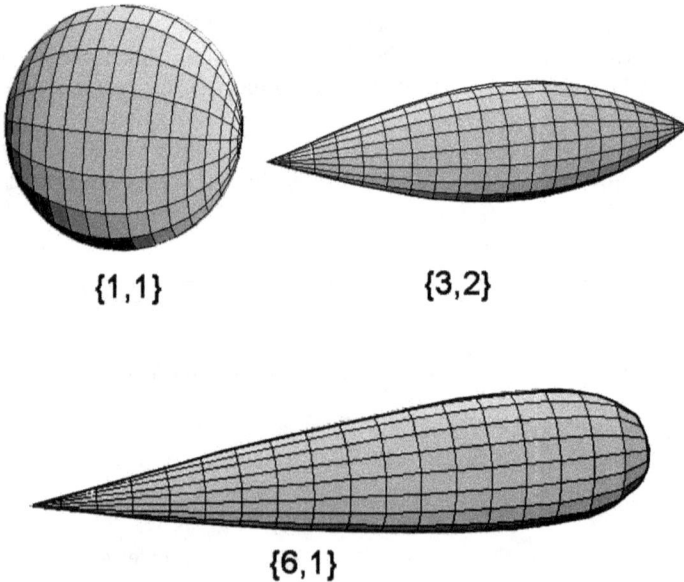

$\{1,1\}$ $\{3,2\}$

$\{6,1\}$

FIG. 2.11 – Bases paramétrées en ϕ des fibrations $\{1,1\}$, $\{3,2\}$ et $\{6,1\}$. Chacune de ces surfaces est calculée à partir de la longueur $R\phi$ sur ses méridiens et du rayon $\frac{R\sin\phi\cos\phi}{\sqrt{k^2\cos^2\phi + l^2\sin^2\phi}}$ de ses parallèles.

---

5. Une certaine prudence est néscessaire concernant les calculs de distances entre fibres. Dans S_3 les distances sont mesurées selon des géodésiques, donc des grands cercles, mais si l'on reste confiné sur un tore, les géodésiques du tore ne sont pas des grands cercles. Il y a un peu le même problème que celui posé par la différence entre orthodromie et loxodromie en navigation. Ceci dit la longueur sur un parallèle de la base est bien la longueur entre deux spires mesuré sur le tore que représente ce parallèle.

Dans cette représentation, la base de la fibration $\{1,1\}$, celle de Hopf, a un profil en $R\sin\phi\cos\phi$ qui est bien celui attendu pour une base de forme sphérique lorsqu'elle est exprimée en coordonnées polaires, une expression simple qui n'est pas dérivable aussi aisément pour les autres fibrations ayant $k > 1$. Une des raisons est que ces dernières sont aussi caractérisées par la présence de points singuliers sur l'axe de révolution, un point si $l = 1$ ou deux si $l \neq 1$, points au voisinage desquels les surfaces peuvent être assimilées à des cônes. Dans ces régions, les surfaces ont donc des courbures gaussiennes très faibles, pratiquement nulles, si bien que leur courbure gaussienne totale est reportée sur les autres régions, or comme expliqué dans l'appendice C, la topologie d'une distribution de points sur une surface dépend de la courbure gaussienne. Une distribution des fibres dans une région conique, c'est-à-dire autour d'un axe C_∞ de l'hypersphère, ne peut être maintenue hors de cette région comme cela est possible dans le cas de la fibration de Hopf dont la courbure de la base est uniforme. Enfin, une autre différence avec cette dernière est que les fibres tracées sur différents tores ont des longueurs différentes alors que les fibres de Hopf sont toutes des grands cercles de longueur $2\pi R$. La fibration de Hopf $\{1,1\}$ occupe donc une position particulière dans l'ensemble des fibrations $\{k,l\}$. Elle est en fait la seule à être une fibration *stricto sensu*, c'est-à-dire un ensemble de fibres identiques, lignes géodésiques de l'espace fibré, les autres ne sont des fibrations qu'au sens topologique. Nous proposons une approche des fibrations de l'hypersphère utilisant le formalisme des quaternions dans l'appendice B.

2.5 Courbure et polytopes

Les propriétés particulières de l'hypersphère tiennent évidemment au fait que cet espace est non euclidien, plus précisément qu'il possède une courbure intrinsèque positive. Pour rendre ce point accessible en des termes simples, nous revenons au cas de la sphère S_2 bidimensionnelle. Sur celle-ci, on peut facilement évaluer l'aire a et le périmètre p d'un petit cercle de rayon géodésique r tracé autour d'un point d'une sphère S_2 de rayon R en utilisant ses coordonnées polaires R, θ, ϕ. En se limitant aux premiers termes des développements, on trouve que,

$$a = \pi r^2 \left(1 - \frac{r^2}{12R^2}\right) \text{ et } p = 2\pi r \left(1 - \frac{r^2}{6R^2}\right),$$

soit des valeurs inférieures à celles que l'on a pour le même cercle tracé sur le plan R_2. Il y a donc moins d'espace autour d'un point d'une sphère qu'autour d'un point d'un plan, ce déficit est associé à la courbure [3], ce que l'on peut voir simplement en assemblant des polygones comme sur la figure 2.12. Alors qu'il faut quatre carrés ou six triangles équilatéraux autour d'un point pour paver le plan, il en faut respectivement trois ou cinq pour paver une sphère et, si l'on ne peut pas paver un plan avec des pentagones, la courbure de la sphère

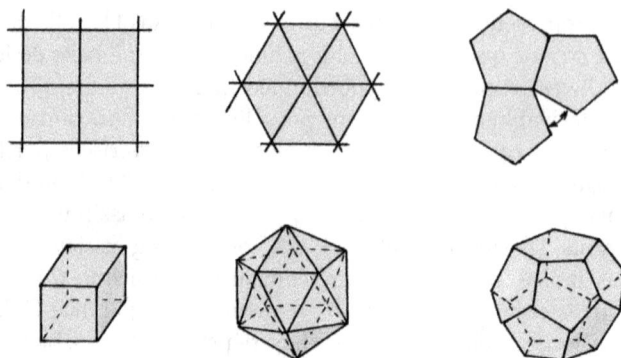

FIG. 2.12 – Pavages de polygones, si la somme des angles autour d'un point de l'assemblage est 2π, la surface est plane, si elle est inférieure la surface doit être courbe. Cube, icosaèdre et dodécaèdre sont topologiquement équivalents à la sphère mais leurs faces étant planes la courbure est concentrée en leurs sommets.

le permet. La courbure dont il est question ici est la courbure gaussienne, produit des deux courbures principales, ces dernières sont de même signe dans le cas du déficit angulaire et la surface est dite elliptique, elles seraient de signes contraires dans le cas d'un excès angulaire et la surface est alors dite hyperbolique, ces courbures et surfaces sont décrites dans l'appendice C.

La situation est tout à fait semblable dans le cas tridimensionnel de l'hypersphère, en n'oubliant pas la dimension supplémentaire. On peut évaluer le volume v et l'aire a d'une petite sphère de rayon géodésique r autour d'un point d'une hypersphère de rayon R en utilisant le système de coordonnées sphériques de l'hypersphère R, θ, ϕ, ω. En se limitant aux premiers termes des développements, on trouve des valeurs,

$$v = \frac{4}{3}\pi r^3 \left(1 - \frac{r^2}{15R^2}\right) \text{ et } a = 4\pi r^2 \left(1 - \frac{r^2}{9R^2}\right),$$

inférieures à celles que l'on a pour la même sphère tracée autour d'un point de l'espace euclidien. Il y a ici aussi moins d'espace autour d'un point de S_3 qu'autour d'un point de R_3. Ce que l'on constate immédiatement en essayant d'empiler des cubes, tétraèdres ou dodécaèdres dans R_3 comme représenté sur la figure 2.13. Cela est possible pour les premiers mais, pour les deux derniers, l'angle résiduel entre deux faces de cellules est impossible à remplir dans cet espace euclidien.

Pour réussir à empiler des tétraèdres ou des dodécaèdres de façon compacte, il faut en fait se placer dans l'espace non-euclidien de l'hypersphère dont la courbure absorbe l'angle résiduel. La figure 2.14 montre une projection stéréographique d'un empilement compact de dodécaèdres dans l'hypersphère.

Ces empilements réguliers de cellules cubiques dans R_3, tétraédriques ou dodécaédriques dans S_3 sont des polytopes des espaces tridimensionnels [8].

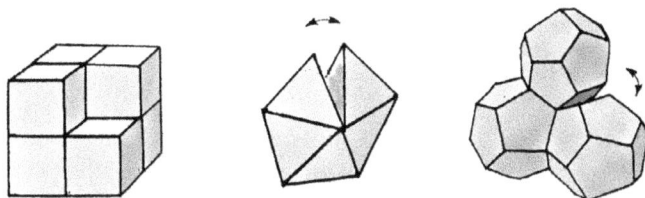

FIG. 2.13 – Pavages de polyèdres, si l'on peut empiler des cubes dans R_3 et construire ainsi un réseau de cellules cubiques, on ne peut y réussir avec des tétraèdres ou des dodécaèdres.

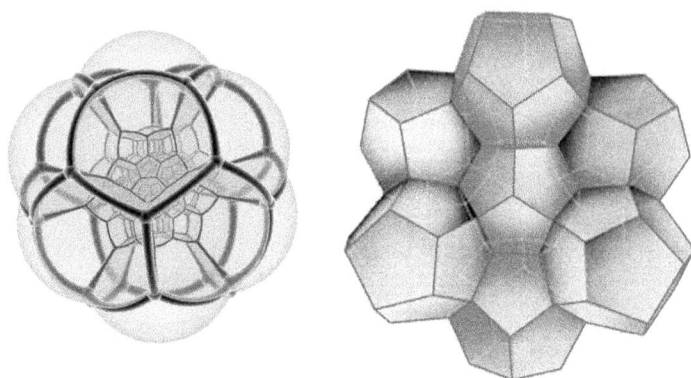

FIG. 2.14 – Projection stéréographique du pavage régulier de l'hypersphère par des cellules dodécaédriques, le polytope $\{5, 3, 3\}$ avec 120 cellules et 600 sommets tétravalents (voir http://www.math.cmu.edu/~fho/jenn/polytopes/) et arrangement local des cellules.

Ils sont désignés en utilisant la notation $\{p, q, r\}$ de Schäffli où p est le nombre de côtés par face, q le nombre de faces par sommet et r le nombre de cellules par côté, les polygones réguliers étant des polytopes $\{p\}$, les polyèdres de Platon des polytopes $\{p, q\}$[6]. Le polytope $\{3, 3, 5\}$ est un empilement compact de tétraèdres, il permettrait de construire un empilement compact de boules identiques puisque quatre boules regroupées de façon compacte forment un tétraèdre. Le polytope $\{5, 3, 3\}$ est un empilement compact de dodécaèdres ; il permettrait de construire une mousse de films liquides ordonnée puisque ces films se rencontrent trois par trois suivant des arêtes qui se rencontrent quatre par quatre.

Ces deux polytopes semblent très éloignés des tores et torsades, mais on verra plus loin qu'ils ont permis d'examiner le rôle de la compacité lors de la formation de torsades ainsi que celui de l'équilibre des tensions autour de connections à coordinence quatre entre tores.

---

6. Le nombre de symboles dans $\{p, q, \ldots\}$ est la dimension du polytope : un polygone est une ligne, un polyèdre une surface, etc.

Chapitre 3

Retour dans l'espace euclidien

Les tores et fibrations de l'espace non euclidien de l'hypersphère permettent donc d'imaginer des objets virtuels répondant à des exigences de courbure et torsion uniformes. Il convient maintenant d'examiner comment découber cet espace afin d'obtenir des objets modèles préservant au mieux les propriétés des objets virtuels. C'est là une démarche formellement semblable à celle du cartographe lorsqu'il cherche à représenter la surface courbe du géoïde terrestre sur la feuille plane de la carte en respectant au mieux la caractéristique qui l'intéresse : distance, aire, angle..., en un mot, la métrique. Il choisit alors des fonctions $x_1 = f_1(\theta, \phi)$ et $x_2 = f_2(\theta, \phi)$ permettant de mettre en correspondance les coordonnées des surfaces courbe (θ, ϕ) et plane (x_1, x_2) de la façon souhaitée, mais, quoi qu'il fasse, la zone dans laquelle il pourra considérer que la carte représente fidèlement la surface courbe suivant le point de vue choisi n'a qu'une extension limitée. Parmi les nombreuses méthodes étudiées pour appliquer un espace sur un autre, deux seulement sont à retenir ici : la projection stéréographique et la couverture de R_3 par des répliques de portions de S_3 assemblées à l'aide de défauts dits de Volterra.

3.1 Projection stéréographique

La projection stéréographique d'une sphère S_2 sur un plan R_2, facile à représenter graphiquement, permet de mettre en lumière les propriétés importantes de cette projection. Sur la figure 3.1, nous considérons une sphère S_2 de rayon R dont nous projetons à partir du pôle Nord les points $P(x_1, x_2, x_3)$ en points $P'(X_2, X_3)$ du plan R_2 tangent au pôle Sud.

En utilisant le repérage angulaire de la figure on vérifie facilement que cette projection est une inversion de puissance $NP.NP' = 4R^2$ et que les formules de transformation s'écrivent $X_{2,3} = \frac{2Rx_{2,3}}{2R-x_1}$. On peut ensuite démontrer simplement deux lois de conservation essentielles de cette transformation concernant les angles et les cercles à partir des figures 3.2 et 3.3.

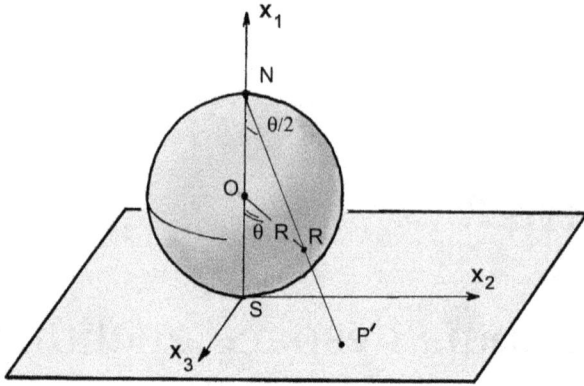

FIG. 3.1 – Projection stéréographique de la sphère S_2 sur le plan R_2.

3.1.1 Projection conforme

Nous considérons sur la sphère de la figure 3.2 un point P et deux tangentes t_1, t_2 en ce point, leurs projections sont P' et t'_1, t'_2. Le plan tangent à la sphère en P coupe le plan passant par le pôle N parallèle au plan de projection suivant une droite dont les intersections avec les deux tangentes t_1, t_2 sont les points T_1, T_2. Du fait de la symétrie sphérique, les triangles NT_1T_2 et PT_1T_2 sont égaux. L'angle entre les deux tangentes t_1 et t_2 est égal è $\widehat{T_2NT_1}$ qui se projette parallèlement en l'angle entre les projections t'_1 et t'_2 des deux tangentes. La projection stéréographique conserve donc les angles, elle est dite conforme. C'est souvent cette propriété qui lui donne son importance pour les problèmes abordés ici.

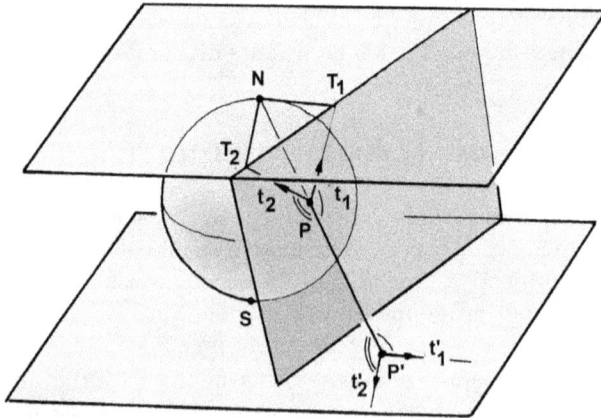

FIG. 3.2 – La projection stéréographique reproduit les angles dessinés sur la sphère comme des cercles du plan.

3.1.2 Les cercles se transforment en cercles

Nous considérons maintenant sur la sphère de la figure 3.3 un cercle (C) portant un point P qui se projettent en (C') et P', la droite issue du pôle passant par le sommet S du cône tangent à la sphère le long de (C) coupe le plan de projection en M et nous traçons SP'' parallèle à MP'. On peut aussi déduire de la démonstration précédente que les angles $\widehat{SPP'}$ et $\widehat{MP'P}$ sont égaux, mais ils le sont aussi à l'angle $\widehat{SP''P}$ du fait du parallélisme de SP'' et MP'. Le triangle PSP'' est alors isocèle, $SP'' = SP$, et les triangles NSP'' et NMP' étant semblables, $MP' = (NM/NS)SP'' =$(NM/NS)SP est constant puisque(C) est une section droite du cône de sommet S, si bien que la projection C' du cercle (C) est un cercle.

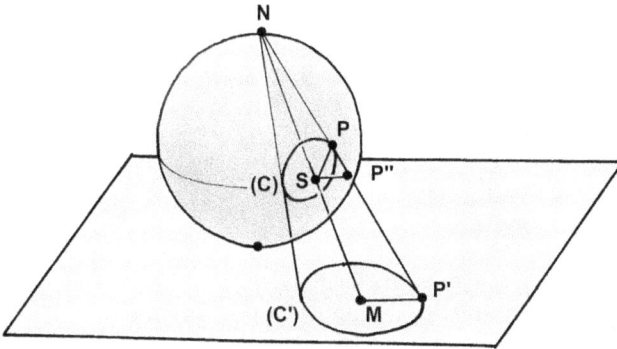

Fig. 3.3 – La projection stéréographique reproduit les cercles dessinés sur la sphère comme des cercles du plan.

Enfin, nous montrons à partir de la figure 3.4, en nous limitant au cas du cercle équatorial qui permet un calcul simple et rapide, que si l'on fait tourner d'un angle donné un cercle sur la sphère les projections de ce cercle avant et après rotation se transforment l'une en l'autre par une inversion dont le pôle et la puissance ne dépendent que de l'angle de rotation.

Dans le triangle isocèle OPN, $PN = 2R\sin(\alpha/2)$ et, puisque la projection stéréographique est aussi l'inversion de pôle N de puissance $NP.NQ = 4R^2$, $QN = 2R/\sin(\alpha/2)$, d'où $QN.QP = 4R^2/\operatorname{tg}^2(\alpha/2)$, mais, les triangles QPS et QNS étant semblables, $QN.QP = QS^2$ si bien que $QS = 2R/\operatorname{tg}(\alpha/2)$. On peut alors évaluer QI', QJ', QK', QL', ainsi $QL' = QS + SL' = 2R[\operatorname{tg}^{-1}(\alpha/2) + \operatorname{tg}(\pi/4 + \alpha/2)]$, puis les produits $QI'.QL'$ et $QJ'.QK'$ qui apparaissent être tous égaux à $4R^2\dfrac{\left(1+\operatorname{tg}^2(\alpha/2)\right)}{\operatorname{tg}^2(\alpha/2)}$. Les deux cercles projetés (C'_0) et (C'_α) se correspondent donc dans une inversion de pôle Q. Ceci doit être relié à la démonstration générale de l'équivalence d'une projection stéréographique au produit d'au plus trois inversions, ici, du fait de l'existence d'un plan de symétrie, deux suffisent qui sont celles de pôles N et Q. Ce résultat est

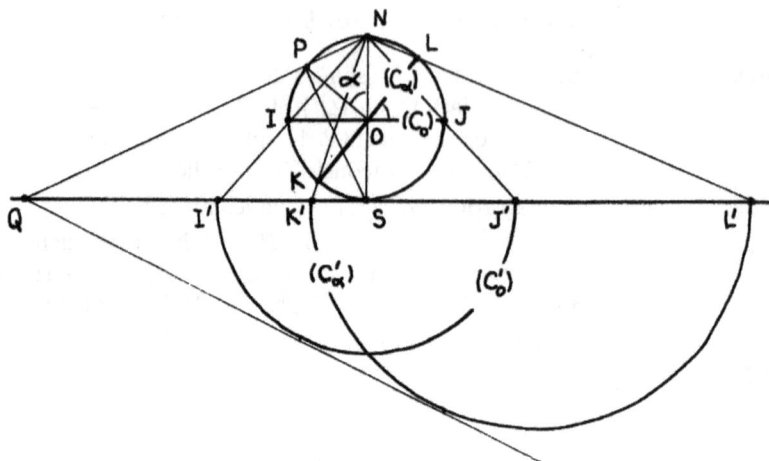

Fig. 3.4 – Section de la sphère de projection de centre O et de rayon R par le plan de symétrie et moitié des images projetées dans le plan de projection, le cercle équatorial (C_0) devient le cercle (C_α) après la rotation d'angle α et leurs projections sont les cercles (C_0') et (C_α').

donc valable pour tout cercle tracé sur la sphère ce que nous illustrons sur la figure 3.5 en représentant l'évolution de la projection d'un anneau équatorial suite à une rotation.

L'inversion de pôle Q dans le plan de projection déforme considérablement les projections de l'anneau, non seulement elle fait disparaître la symétrie centrale mais elle affecte aussi leur aire. Après calcul des rayons des différents cercles à partir des formules utilisées plus haut, il apparaît en effet que l'aire de la projection croît plus vite que son périmètre lorsque l'angle α croît. Il en sera de même lors de la projection du tore sphérique pour son aire et son volume.

3.1.3 Projection de l'hypersphère

Le développement de semblables démonstrations dans le cas de la projection stéréographique de l'hypersphère S_3 sur un espace euclidien R_3 serait formellement plus lourd. Heureusement il est possible d'extrapoler tout ce qui vient d'être dit à propos de la projection de S_2 sur R_2. La sphère de projection S_2 devient l'hypersphère S_3, l'anneau équatorial devient un des tores de la famille de tores et on le projette sur un espace R_3 depuis un pôle placé sur un des axes de symétrie C_∞ de cette famille. Chaque tore se projette en un tore axisymétrique, la topologie est conservée mais la symétrie de la surface est perdue puisqu'elle ne partage plus l'espace en deux sous-espaces équivalents, l'intérieur du tore projeté étant un volume fini alors que son extérieur

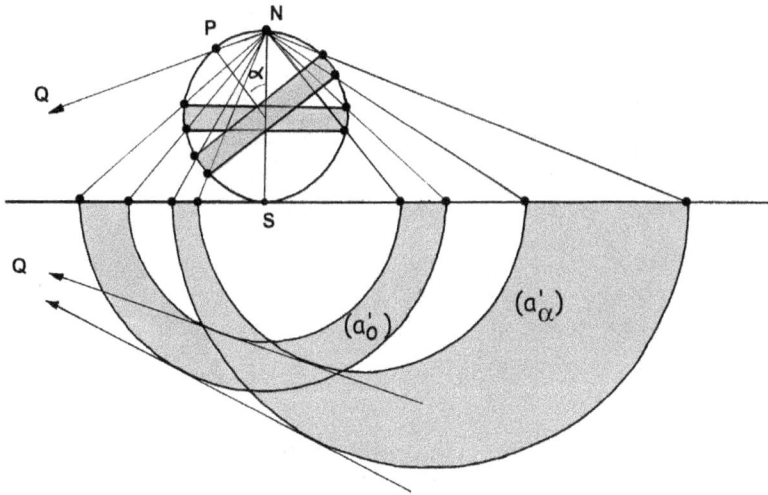

FIG. 3.5 – Mêmes conventions de représentation que pour la figure précédente, l'anneau équatorial tourne d'un angle α et ses projections se transforment l'une en l'autre par une inversion de pôle Q dont la puissance ne dépend que du rayon R de la sphère de projection et de l'angle α.

est infini. Nous présentons l'application du formalisme des quaternions à ce problème dans l'appendice A.

La projection du tore sphérique depuis un pôle de l'hypersphère S_3 sur un espace R_3 dont l'origine est au pôle opposé est cependant facile à calculer en utilisant les coordonnées données dans le chapitre précédent, l'origine étant déplacée à celle de l'espace de projection :

$$x_1 = R + \frac{R}{\sqrt{2}}\cos\theta, \ x_2 = R + \frac{R}{\sqrt{2}}\sin\theta, \ x_3 = R + \frac{R}{\sqrt{2}}\cos\omega, \ x_4 = \frac{R}{\sqrt{2}}\sin\omega$$

et les formules de transformation calculées plus haut :

$$X_{2,3,4} = \frac{2Rx_{2,3,4}}{2R - x_1}.$$

Les équations de la surface projetée sont alors :

$$X_2 = \frac{2R\sin\theta}{\sqrt{2} - \cos\theta}, \ X_3 = \frac{2R\cos\omega}{\sqrt{2} - \cos\theta}, \ X_4 = \frac{2R\sin\omega}{\sqrt{2} - \cos\theta}.$$

Compte tenu de la dépendance en $\cos\omega$ et $\sin\omega$ de X_3 et X_4, cette surface est une surface de révolution autour de l'axe X_2 dont la section par le plan (X_2, X_3) est le cercle d'équation $X_2^2 + (X_3 - 2\sqrt{2}R)^2 = 4R^2$. C'est le tore axisymétrique de la figure 3.6, mais un tore particulier, dit de Willmore, dont les tangentes au cercle générateur issues de l'origine font des angles de $\pi/4$

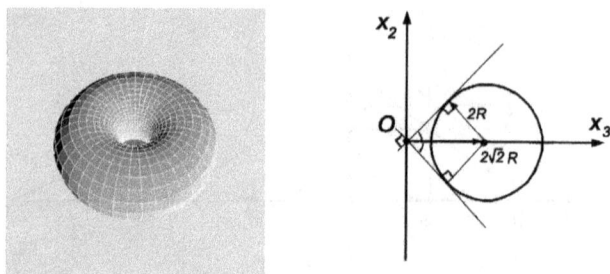

FIG. 3.6 – Le tore de Willmore, projection du tore sphérique de S_3 dans R_3, et son cercle générateur, $\alpha = R/r = \sqrt{2}$.

avec les axes et le rapport du grand rayon au petit $\alpha = \sqrt{2}$. Comme indiqué plus haut, la topologie du tore à un trou est conservée, mais la symétrie de sa surface est perdue puisque les espaces qu'elle sépare ne sont plus équivalents.

Si on calcule les aires A et les volume V de ce tore (théorème de Guldin) et du tore sphérique (formules du chapitre précédent) il apparaît que leurs rapports $V/A^{3/2}$ diffèrent, celui du premier vaut $6,7.10^{-2}$ alors que celui du second vaut 11.10^{-2}. La projection stéréographique affecte les aires et les volumes de façons différentes, car la métrique n'est conservée que localement. Enfin, si l'on fait subir au tore sphérique une rotation dans l'hypersphère par rapport au dispositif de projection, les cercles restent des cercles, mais leurs tailles et leurs positions respectives sont modifiées comme il a été montré dans le cas de la projection sur un plan d'un anneau équatorial tracé sur une sphère. On retrouve à trois dimensions des distorsions tout à fait semblables qui conduisent à l'objet suggéré sur la figure 3.7 qui montre les projections de quelques cercles d'un tore sphérique après une rotation dans l'hypersphère. Du fait de cette rotation, le tore sphérique est projeté en un tore non axisymétrique. En se référant à ce qui se passe lors de la projection dans le cas bidimensionnel, ce nouveau tore doit avoir un rapport $V/A^{3/2}$ supérieur à celui du tore de Willmore et il doit être le transformé par inversion de ce dernier.

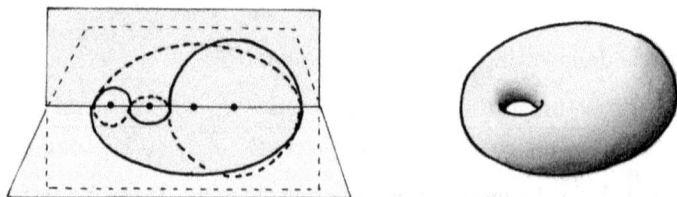

FIG. 3.7 – Projections dans deux plans orthogonaux de quatre cercles du tore sphérique après sa rotation dans l'hypersphère et dessin du tore non axisymétrique correspondant.

Le tore de Willmore et ses transformés vont jouer un rôle primordial lors de l'examen des déformations des vésicules toriques dans le prochain chapitre. Tout d'abord, le tore de Willmore est particulier par le fait que la valeur de l'intégrale sur sa surface du carré de la somme des courbures principales en chaque point, $\int (C_1 + C_2)^2 ds$, est le minimum minimorum $2\pi^2$ des valeurs possibles pour des surfaces compactes de genre 1, conjecture de Willmore (1965) [9], et il a été démontré que cette fonctionnelle de Willmore est conservée lors de transformations conformes donc lors de projections stéréographiques et d'inversions. Or, cette fonctionnelle mathématique intervient aussi dans l'expression de l'énergie élastique de courbure d'un film de molécules amphiphiles. La recherche des minima de cette énergie et des conditions de leur conservation lors des déformations du film feront donc largement appel à ces résultats. En ce qui concerne la torsade d'une famille de parallèles de Clifford, grands cercles de l'hypersphère enlacés, chacun faisant un tour autour d'un autre, il est clair que leurs projections restent des cercles enlacés, mais leurs périmètres et leurs distances ne sont plus égaux.

3.2 Couverture de R_3 à l'aide de défauts de Volterra

La projection stéréographique d'un objet fini ne contenant pas le pôle reste finie et sa topologie est conservée, il n'est donc pas possible d'obtenir grâce à elle des surfaces toriques ou des torsades infinies et périodiques, semblables à celles qui sont citées dans l'introduction, à partir des tores ou des parallèles de Clifford dans l'hypersphère. Il faut recourir à une méthode qui permet de couvrir un espace infini en accolant des répliques locales de l'hypersphère, ce n'est donc pas une projection au sens strict.

Nous avons montré plus haut que la différence entre un espace courbe et un espace « plat » tient à ce que le premier présente, par rapport au second, un déficit angulaire autour de chacun des points. En comblant ce déficit on doit donc pouvoir supprimer la courbure de l'espace et mettre à « plat » les structures qu'il contient. Mais, si l'espace est continu, il n'en est pas de même des structures physiques que l'on cherche à y loger, ce sont des assemblées d'atomes ou de molécules qui, par leur nature même, vont imposer des règles à la façon d'effectuer ce comblement. Nous illustrons ce point en évoquant des travaux sur la structure des clathrates de molécules d'eau qui, bien qu'assez éloignés de notre sujet, permettent de décrire la démarche de façon particulièrement simple.

Les molécules d'eau s'associent via leurs liaisons hydrogène pour construire des cages susceptibles d'enfermer les molécules quasi sphériques de certains gaz. Les oxygènes occupent alors les nœuds d'un réseau tétravalent dont les arêtes portent les liaisons covalentes et hydrogène reliant les protons aux oxygènes, du fait de la symétrie de la molécule d'eau, les valeurs des angles

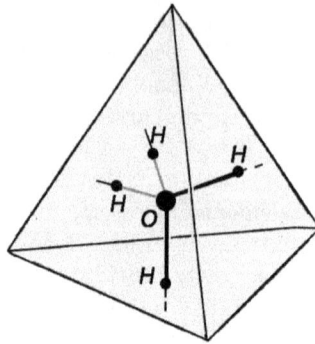

FIG. 3.8 – Molécule d'eau schématique inscrite dans un tétraèdre régulier, oxygène au centre, liaisons covalentes et hydrogènes dirigées vers les centres des faces.

des liaisons sont proches de celle des angles des axes d'un tétraèdre régulier, 109°28′, comme représenté sur la figure 3.8.

Dans ces conditions angulaires, l'organisation la plus régulière et la plus dense formant des cages serait celle où les oxygènes et les liaisons des molécules d'eau occuperaient les nœuds et arêtes du polytope $\{5, 3, 3\}$ décrit dans le chapitre précédent comme le pavage de l'hypersphère par des dodécaèdres réguliers. L'examen des structures des clathrates montre comment s'établit la correspondance entre cette structure idéale et ces structures réelles. Nous ne considérons ici qu'une de ces structures, celle des clathrates de type I représentée sur la figure 3.9, mais notre analyse vaut aussi pour les autres structures.

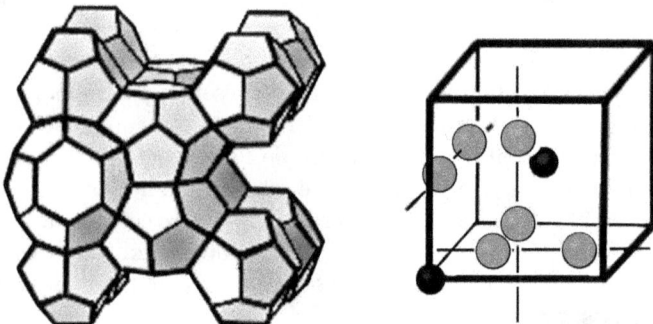

FIG. 3.9 – Organisation périodique du réseau tétravalent de nœuds et arêtes des cages dans les clathrates de type I, on y distingue des dodécaèdres (•) ayant douze faces pentagonales et des tétracaïdécaèdres (◦) ayant douze faces pentagonales et deux faces hexagonales, et organisation des axes des tétracaïdécaèdres dans la maille cubique. Les arêtes des cages, entre deux oxygènes, sont formées d'une liaison covalente et d'une liaison hydrgène.

La maille de cette organisation périodique est cubique, son groupe d'espace est Pm3n et elle contient deux dodécaèdres et 6 tétracaïdécaèdres très faiblement distordus. Manifestement, c'est l'introduction de tétracaïdécaèdres parmi les dodécaèdres du polytope $\{5,3,3\}$ qui assure la décourbure de l'hypersphère et le transfert du polytope dans notre espace. C'est en transformant un dodécaèdre en tétracaïdécaèdre comme représenté sur la figure 3.10 que le déficit angulaire de l'hypersphère est comblé.

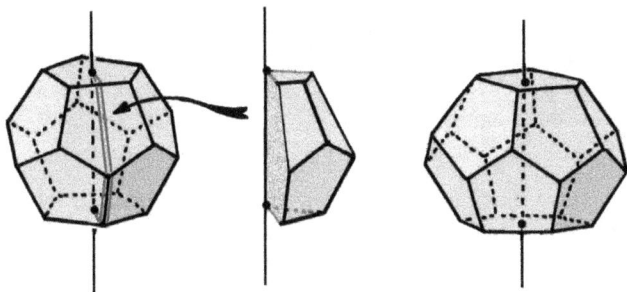

FIG. 3.10 – Transformation d'un dodécaèdre en tétracaïdécaèdre par ouverture du dodécaèdre suivant une coupure passant par un axe d'ordre 5 et introduction d'un secteur d'angle $2\pi/5$ entre les lèvres de la coupure.

Cette transformation correspond à l'introduction d'un défaut angulaire, ou disinclinaison, respectant la symétrie du dodécaèdre de façon à maintenir la continuité du réseau des liaisons entre molécules d'eau. Ces disinclinaisons s'alignent dans la maille cubique suivant les trois directions orthogonales des axes des tétracaïdécaèdres, les clathrates sont ainsi des cristaux de disinclinaisons. On distingue donc dans la structure d'un clathrate des dodécaèdres qui sont les répliques locales de la stucture idéale dans l'hypersphère et des tétracaïdécaèdres dont les axes des faces hexagonales sont les lignes de disinclinaison le long desquelles se concentrent les distorsions imposées par le passage d'un espace à l'autre.

Une telle procédure fut définie en 1911 par Volterra dans le cadre d'études de résistance des matériaux et est représentée sur la figure 3.11. Une coupure est faite dans un matériau et un secteur angulaire du même matériau est introduit en respectant la symétrie des surfaces en contact de façon à ne pas y créer de discontinuité ; après relaxation, les contraintes, donc l'énergie associée au défaut, se concentrent autour de la ligne de coupure.

L'application à la mise en correspondance de l'hypersphère S_3 avec l'espace euclidien R_3 par des disinclinaisons et à la transformation du tore sphérique par cette opération est formellement immédiate. Tout d'abord, l'apport angulaire nécessaire pour combler le déficit dû à la courbure positive de l'hypersphère doit faire correspondre à la surface à courbure gaussienne nulle du tore sphérique une surface à courbure gaussienne négative. Ensuite, l'élément

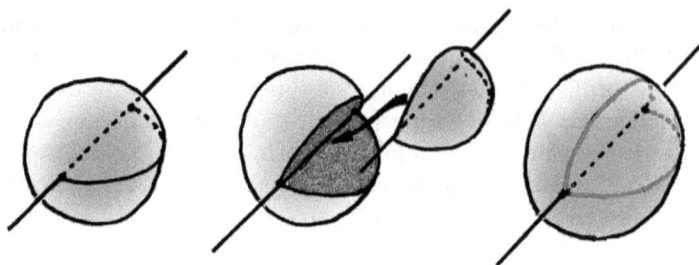

Fig. 3.11 – Défaut de Volterra. Dans un bloc de matière une coupure plane bordée par une ligne permet l'ouverture et l'insertion d'un bloc de la même matière. Il reste un défaut le long de la ligne.

de base dont la répétition construira cette dernière doit provenir de la déformation par une disinclinaison de celui du tore sphérique. La nature de cette déformation peut être rendue sensible de façon imagée, au niveau local d'une disinclinaison dans un élément de base, mais trop réductrice quant à la construction de la surface définitive par répétition de cet élément. Le tore sphérique admettant un pavage de carrés avec symétrie d'ordre 2, on prend un de ces carrés comme élément de base du tore et l'on y introduit un secteur d'angle π comme représenté sur la figure 3.12. Ce carré est alors transformé en un hexagone courbe admettant un axe de symétrie d'ordre 3, dit souvent « selle de singe » car il présente trois bombements et trois vallées rayonnant autour du point de traversée de la disinclinaison, vallées dans lesquelles le singe peut glisser ses pattes et sa queue.

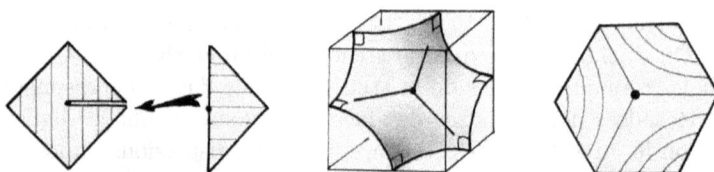

Fig. 3.12 – Une disinclinaison d'angle π dans le carré du tore sphérique le déforme en un hexagone courbe dont les angles au sommet sont droits et représentation plane de cet hexagone montrant ce que devient le tracé des parallèles de Clifford du carré autour de la disinclinaison.

De plus, la disinclinaison impose aux parallèles de Clifford tracées sur le tore sphérique de se réorienter autour du point singulier de sa traversée en l'évitant.

Cette disinclinaison transforme aussi les rectangles des tores parallèles au tore sphérique et les fibres qu'ils portent de façon semblable. Nous n'avons représenté sur la figure 3.13 que les lignes passant par les traces de la disinclinaison, on remarque que ces lignes tournent d'un angle de $\pi/3$ autour de

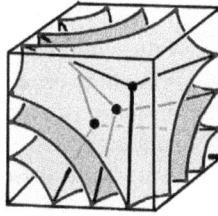

FIG. 3.13 – Déformations du carré du tore sphérique (en gris) et des rectangles de deux tores parallèles par la disinclinaison, les lignes tracées sur ces surfaces passant par les traces de la disinclinaison tournent autour de l'axe d'ordre 3 du cube (voir aussi la figure 5.12).

l'axe d'ordre 3 lorsqu'on se déplace sur cet axe d'un sommet du cube vers l'autre et elles entraînent les fibres dans leur rotation. On retrouve ainsi, autour des arêtes du cube, une organisation ds fibres semblable à celle visible sur la figure 2.6 autour des axes du tore sphérique. Le voisinage d'une arête conserve la « mémoire » de l'organisation dans l'hypersphère. Le sens de rotation, donc la chiralité de la torsade sont imposés par le choix d'une famille de parallèles de Clifford sur le tore sphérique.

Enfin, en répétant cet élément de surface par réflexion sur les faces du cube le supportant on construit la structure infinie périodique de la figure 3.14 semblable à celle de la figure 1.4 de l'introduction. Cette transformation conserve donc la symétrie de la surface du tore sphérique, puisqu'elle sépare toujours deux sous espaces équivalents, mais pas sa topologie de tore à un trou.

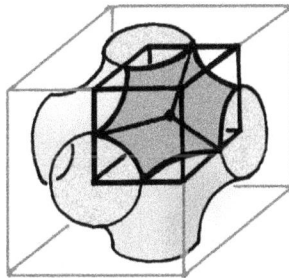

FIG. 3.14   La surface infinie périodique partageant l'espace en deux sous-espaces équivalents présentée dans l'introduction peut être construite à partir du carré disincliné du tore sphérique par réflexions dans les faces du cube la contenant.

Comme dans le cas des clathrates, on peut distinguer dans de telles organisations de surfaces ou de fibres deux types de régions. (1) Des régions « mémoires » de l'hypersphère où les propriétés du tore sphérique et des parallèles de Clifford sont conservées localement, ce sont les tubulures ou le voisinage des arêtes de cube. (2) Des régions où se concentrent les distorsions imposées par la projection de l'hypersphère dans l'espace euclidien, ce sont les centres des selles ou les points singuliers du champ des fibres, tous deux portés par les lignes de disinclinaison. Une telle démarche ne permet pas de traiter dans toute sa généralité le problème de la couverture de R_3 par des répliques de portion de S_3 sous l'effet des disinclinaisons. Ceci sera fait de façon rigoureuse dans les chapitres 4 et 5, en partant des réalités physico-chimiques des systèmes concernés.

Chapitre 4

Surfaces toriques

On ne possède pas de description détaillée des étapes du façonnage des surfaces toriques par les forces physico-chimiques dans les systèmes de molécules amphiphiles, sinon que le point de départ est le plus souvent une dispersion de feuillets plans de ces molécules dans l'eau. On peut donc imaginer que le processus se poursuit par identification des bordures de feuillets qui se referment sur eux-mêmes, comme cela a été fait pour construire le tore sphérique dans l'hypersphère, mais cette fois-ci la formation naturelle a lieu dans l'espace euclidien qui y est peu propice. Comme nous l'avons suggéré dans l'introduction, cela suppose des feuillets présentant des propriétés particulières. Ils doivent être déformables, en modifiant les paramètres physico-chimiques qui contrôlent leurs courbures, ils doivent pouvoir se fragmenter et se ressouder, tout en constituant une paroi suffisamment résistante une fois la forme obtenue. Les films de molécules amphiphiles répondent à ces exigences.

4.1 Films de molécules amphiphiles

Les molécules amphiphiles sont des assemblages de deux groupes d'atomes possédant chacun une affinité très marquée soit pour l'eau soit pour l'huile, deux liquides insolubles l'un dans l'autre. Les molécules de savon, de détergent et le phospholipide biologique représentés sur la figure 4.1 sont des molécules amphiphiles typiques faites de deux groupes chimiques, une tête hydrophile soluble dans l'eau et une ou plusieurs chaînes hydrophobes soluble dans l'huile.

Si l'eau et l'huile ségrégent pour diminuer leur interface de contact par suite d'une forte répulsion de nature entropique, l'addition d'une faible quantité de molécules amphiphiles se localisant à l'interface peut abaisser l'énergie de ce dernier au point d'en favoriser le développement et de rendre stable la dispersion d'un liquide dans l'autre. C'est ce qui se passe dans les microémulsions, manifestation spectaculaire de ce phénomène, mais c'est aussi ce qui conduit, en absence d'huile, à la formation du film d'amphiphile de la figure 4.2 qui associe dos à dos deux interfaces de façon à limiter le plus possible le contact des chaînes hydrophobes avec l'eau.

$$CH_3-\left(CH_2\right)_7- CH=CH-\left(CH_2\right)_7 -CO_2K$$

(a)

$$CH_3-\left(CH_2\right)_3-\overset{\overset{\displaystyle CH_2\text{-}CH_3}{|}}{CH}-CH_2-CO_2-CH-SO_3\,Na$$
$$CH_3-\left(CH_2\right)_3-\underset{\underset{\displaystyle CH_2CH_3}{|}}{CH}-CH_2-CO_2-\overset{|}{CH_2}$$

(c)

$$CH_3-\left(CH_2\right)_{\overline{11}}-N\left(CH_3\right)_3\,Cl$$

(b)

$$CH_3-\left(CH_2\right)_{15}-CO_2-CH_3$$
$$CH_3-\left(CH_2\right)_{15}-CO_2-\overset{|}{CH}$$
$$\underset{\underset{\displaystyle CH_2-PO_4^--CH_2-N^+-\left(CH_3\right)_3}{}}{|}$$

(d)

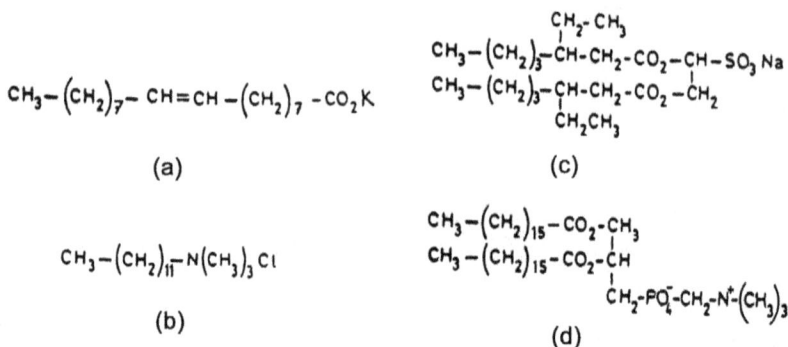

FIG. 4.1 – Quelques molécules amphiphiles typiques : oléate de potassium, anionique à une chaîne, entrant dans la composition des savons (a), chlorure de dodécyltriméthyl ammonium, cationique à une chaîne, DTACl (b), un détergent, anionique à deux chaînes ramifiées, Na(AOT) (c) et un phospholipide d'origine biologique dipalmitoylphosphatidine choline, amphotérique à deux chaînes, DPPC (d).

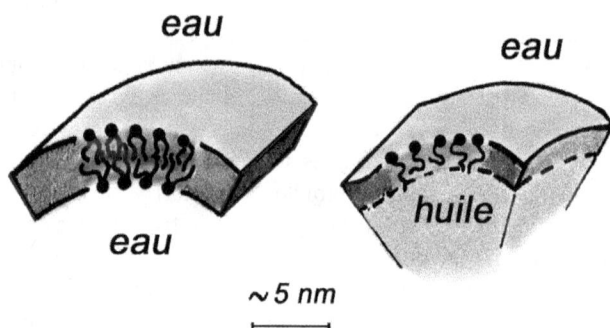

FIG. 4.2 – Couche bimoléculaire constituant un film d'amphiphile dans de l'eau et couche monomoléculaire à l'interface eau-huile. Chaque molécule est représentée par un point, sa tête hydrophile, orné d'un ou deux traits ondulés, ses chaînes hydrophobes.

Ce film est tout à fait remarquable, non seulement par sa très faible épaisseur de l'ordre de deux longueurs moléculaires soit quelques nanomètres, mais aussi par l'état liquide aux températures usuelles des molécules amphiphiles qui le constituent. En effet, ces molécules sont d'une part déformées par les rotations isomériques de leur squelette carboné et d'autre part se déplacent par diffusion translationnelle le long des interfaces. Ces mouvements sont très rapides, tout à fait semblables à ceux que l'on observe dans une huile de paraffine. La différence entre le film et l'huile est la localisation des têtes à l'interface du premier. Enfin, si le film se fragmente, les chaînes tapissant les coupures ne sont plus protégées du contact direct de l'eau et la soudure des lèvres de ces coupures est un moyen de rétablir la protection.

4.1.1 Nature du film

Le film est donc un voile liquide très mince baignant au sein d'un autre liquide, mais, du fait de la localisation des têtes, sa très faible épaisseur est néanmoins structurée de façon symétrique en une région centrale, occupée par les chaînes paraffiniques, encadrée par deux régions latérales, occupées par les têtes au contact de l'eau. Il s'ensuit deux conséquences importantes pour les déformations d'un tel film.

Tout d'abord, le film étant liquide, le nombre des molécules premières voisines d'une molécule donnée peut fluctuer et le film plan accepter des déformations en bosse ou en selle impliquant des changements de la courbure gaussienne comme le suggère la figure 4.3. Si les molécules étaient rigidement liées entre elles, comme le sont les atomes d'une plaque métallique, la seule flexibilité possible serait celle associée à une déformation en cylindre qui n'affecte pas le nombre de premières voisines.

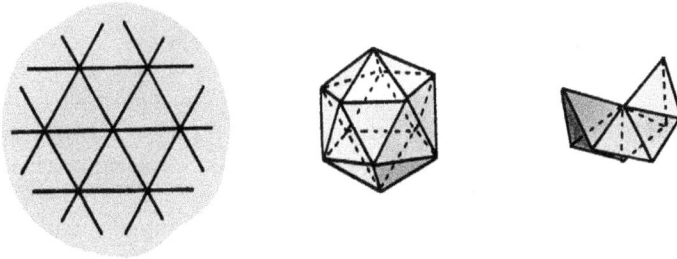

FIG. 4.3 – Un pavage bidimensionnel de triangles équilatéraux peut être plan, en bosse ou en selle suivant le nombre de triangles entourant un sommet du pavage.

Ensuite, des forces antagonistes s'exercent chacune dans une région centrale ou latérale de l'épaisseur du film et leur compétition assure son équilibre et contribue à l'élasticité correspondant à sa flexibilité. La force par unité de surface qu'il faudrait appliquer à chaque niveau d'une coupure normale au film afin que la portion conservée du film reste semblable à ce qu'elle était avant la coupure est représentée par le profil de la figure 4.4.

On distingue trois zones :

– répulsion entre les têtes du fait de leurs charges dans le cas ionique ou de leur hydratation dans le cas non-ionique,

– répulsion entropique entre les chaînes du fait de leur désordre dû à l'agitation thermique,

– attraction entre molécules amphiphiles au niveau de l'interface afin de réduire la surface de contact des chaînes avec l'eau.

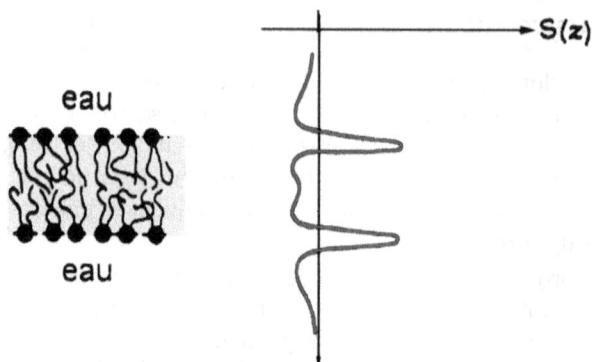

FIG. 4.4 – Profil des forces normales à une section d'un film symétrique dont les deux interfaces sont symétriques, les répulsions sont négatives et les attractions positives.

4.1.2 Élasticité du film

Ces deux points conduisent à écrire l'énergie élastique totale d'un film symétrique comme la somme d'un terme d'extension lié aux variations d'aire, $E_e = \frac{1}{2}K_e(\frac{\Delta a}{a})^2$, et d'un terme de courbure lié aux variations des courbures moyenne $C_1 + C_2$ et gaussienne $C_1 C_2$ de la forme $E_c = \frac{1}{2}K_m(C_1 + C_2 - C_0)^2 + K_g C_1 C_2$ par unité de surface, invariant dans un changement d'échelle [10]. Dans ce terme, C_0 est une courbure spontanée induite par une éventuelle dissymétrie des interfaces. La distinction opérée entre les deux termes de courbure est importante car l'intégrale du second sur la surface est, selon la formule de Gauss-Bonnet $\int_S C_1 C_2 ds = 4\pi(1 - g)$, un invariant ne dépendant que du genre topologique de la surface ($g = 0$ pour une sphère, 1 pour un tore à une anse, n pour un tore à n anses) comme rappelé dans l'appendice C. Pour toute déformation à topologie constante, il n'est donc pas nécessaire de prendre en compte le terme gaussien et, si la topologie change, il varie de -4π chaque fois que le genre topologique augmente d'une unité.

En principe on devrait pouvoir calculer les modules élastiques K_e, K_m et K_g à partir du profil $s(z)$ de la figure 4.4, mais cela nécessiterait, si l'on veut être vraiment précis au niveau des situations particulières, une connaissance suffisamment détaillée de $s(z)$ dont on ne dispose pas compte tenu de la multiplicité des paramètres physico-chimiques. On peut néanmoins développer deux calculs simples qui montrent les relations entre ces modules et qui permettent d'évaluer des contributions ou l'éventualité de déformations.

La figure 4.5 représente un film symétrique, donc sans courbure spontanée C_0, courbé en un cylindre de rayon R au niveau de sa surface médiane que l'on considère comme la surface neutre du film, celle sur laquelle l'aire du film n'est pas modifiée par la courbure. Cette déformation n'affecte que la courbure moyenne du film.

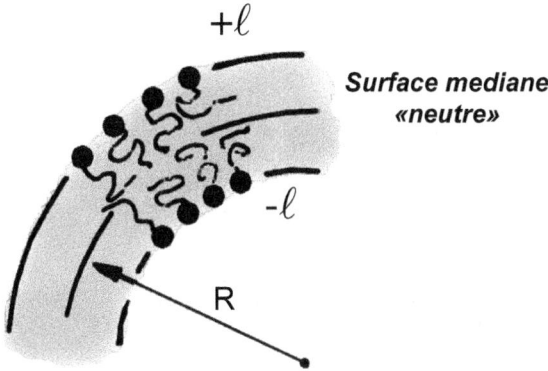

FIG. 4.5 – Film symétrique courbé.

De part et d'autre de cette surface, les deux mono-couches constituant le film sont sous tension : de plus en plus dilatée du côté convexe, de plus en plus comprimée du côté concave. Le coût en énergie de cette déformation de courbure moyenne est la somme des énergies d'extension à chaque niveau. L'énergie élastique de courbure moyenne s'écrit donc $E_c = \frac{1}{2}\frac{K_e}{2l}\int_{-l}^{+l}(\frac{(R+z)-R}{R})^2 dz$ où l est l'épaisseur d'une monocouche, ou bien la longueur occupée par une chaîne, $\frac{K_e}{2l}$ le module d'extension par unité de longueur et z la position du niveau le long de la normale au film avec celle de la surface neutre pour origine.

Alors $E_c = \frac{1}{2}K_e\frac{l^2}{3R^2}$ d'où l'on déduit un module de courbure moyenne $K_m = \frac{K_e l^2}{3}$. Les mesures directes d'extension sur des films de phospholipides d'épaisseur $2l = 4$ nm donnent $K_e \approx 100$ mJ/m^2 si bien que le module de courbure moyenne $K_m \approx 10^{-16}$ mJ soit $\frac{K_m}{kT} \approx 25$ à la température ambiante [11]. C'est là une limite supérieure pour des films d'amphiphiles, mais elle suffit déjà pour comparer les coûts en énergie des déformations d'extension et de courbure. Il apparaît qu'il faut dépenser autant d'énergie pour courber un film jusqu'à désorienter ses normales de 60°, un angle considérable, que pour faire varier de 1nm la longueur d'un film de dimension latérale de 1 μm, ce qui est imperceptible. Dans ce qui suit, nous ne considérerons plus l'énergie élastique d'extension en tant que telle.

Dans le même esprit, on peut aussi montrer facilement qu'un film symétrique plan dont les interfaces deviennent également concaves vers l'eau comme représenté sur la figure 4.6 acquiert une constante élastique de courbure gaussienne K_g qui peut favoriser sa déformation en une selle, autrement dit la courbure interfaciale est un facteur du polymorphisme [12].

On part d'un film plan dont les deux monocouches m_+ et m_- ont des courbures spontanées $C_{0+} = C_{0-} = 0$ et l'on perturbe le profil $s(z)$ de chaque monocouche par une action physico-chimique de façon à ce qu'elles acquièrent des courbures spontanées $C_{0+} = -C_{0-} < 0$, comme représenté sur la figure 4.6. Un conflit apparaît alors entre les courbures symétriques des

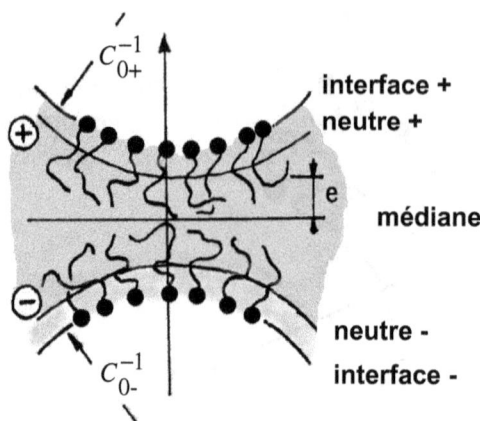

FIG. 4.6 – Courbures symétriques des interfaces d'un film bimoléculaire.

monocouches et l'épaisseur constante du film. Pour rechercher la déformation qui pourrait résoudre ce conflit, on écrit l'énergie du film comme la somme des énergies de courbure des monocouches $E_f = E_{m+} + E_{m-}$ en utilisant pour chacune d'elles la forme décrite plus haut. Comme les molécules amphiphiles ne déterminent pas par leur nature même une courbure gaussienne, seul le terme de courbure moyenne doit être pris en compte, mais en faisant intervenir la courbure spontanée autour de laquelle va s'effectuer la déformation et $E_{m\pm} = \frac{1}{2}K_m(C_{1\pm} + C_{2\pm} - C_{0\pm})^2$. Les surfaces neutres des monocouches étant à une distance e de la surface médiane et les rayons de courbure étant très supérieurs à l'épaisseur des couches donc à cette dernière, les courbures $C_{1\pm}$ et $C_{2\pm}$ s'écrivent $C_\pm = \frac{1}{R \pm e} \simeq \frac{1}{R}(1 \mp \frac{e}{R})$. L'énergie $E_{m\pm}$ s'écrit alors $\frac{1}{2}K_m[C_1 + C_2 \mp e(C_1^2 + C_2^2) - C_{0\pm}]^2$ que l'on développe comme :

$$\frac{K_m}{2}\left[(C_1 + C_2)^2 \mp (2e \mp e^2 - 2eC_{0\pm})(C_1^2 + C_2^2) - 2C_{0\pm}(C_1 + C_2) + C_{0\pm}^2\right].$$

L'énergie totale du film E_f est alors, avec $C_{0+} = -C_{0-}$,

$$E_f = K_m\left[(C_1 + C_2)^2 + e^2(C_1^2 + C_2^2) + 2eC_{0+}(C_1^2 + C_2^2) + C_{0+}^2\right]$$

ou encore

$$E_f \approx K_m(C_1 + C_2)^2 - 4K_m eC_{0+}C_1C_2 + K_m C_{0+}^2$$

puisque $4eC_{0+} < 2$. On constate alors que l'énergie de courbure du film E_f contient un terme de courbure gaussienne dont le coefficient d'élasticité $K_g = -4K_m eC_{0+}$ est positif puisque C_{0+} est négatif avec la convention de signe utilisée le long de la normale au film. L'énergie de courbure E_f du film sera diminuée si sa surface médiane se déforme de façon telle que $C_1 = -C_2$, c'est-à-dire si elle adopte une configuration en selle avec courbure gaussienne négative.

4.2 Vésicules

Les premières observations de vésicules sont rapportées par J. Nageotte vers 1940 dans le cadre de ses études au microscope optique des formes de croissance apparaissant lors de l'imbibition par l'eau de poudres anhydres de phospholipides extraits de cerveaux [13]. Il décrit la formation spontanée à partir d'empilements de films plans de « bulles » semblables à celles représentées sur la figure 4.7. Ces « bulles » sont de topologie sphérique, elles ont des dimensions micrométriques et leur paroi est un film d'épaisseur bimoléculaire.

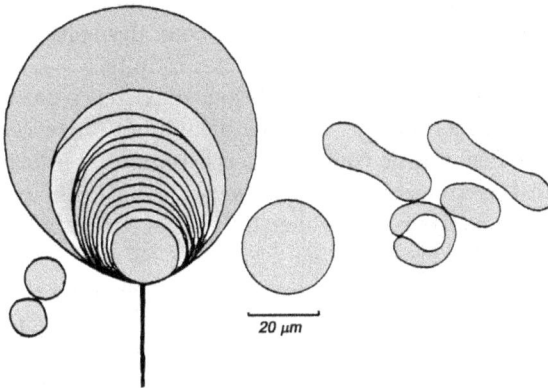

20 µm

FIG. 4.7 – Vésicules obtenues avec des extraits « lipoïdes » de cerveaux, d'après des photographies de J. Nageotte. À gauche un remarquable ensemble de 14 vésicules emboîtées encore rattaché à l'empilement de films plans dont il est issu, à droite des vésicules détachées dont la forme rappelle celles du globule rouge, discocyte et stomatocyte.

On est là dans une situation de grande dilution et les molécules amphiphiles qui construisent ces objets doivent être telles que la courbure interfaciale du film reste peu sensible à la dilution afin qu'il reste plan, ce qui est bien le cas des phospholipides à deux chaînes. Les études de ces objets se sont largement développées dans les années 1970 lorsque l'on a recherché comment les utiliser en pharmacie pour transporter des produits actifs d'un endroit à un autre en les protégeant pendant ce transport et en ne les libérant que lorsque leur lieu d'action est atteint.

On a alors formulé des arguments généraux pour expliquer leur formation et leur stabilité. L'empilement de films plans en milieu très dilué se desquame, des feuillets partent dans l'eau, mais tout le long de leurs bords les chaînes paraffiniques des molécules sont au contact de l'eau ce qui a un coût en énergie. Ce coût peut être éliminé soit en faisant croître le feuillet pour envoyer son bord à l'infini, le coût en énergie par molécule d'un disque de rayon R variant comme le rapport de la circonférence à la surface en R^{-1} il tend vers 0 quand R croît, soit en supprimant le bord par fermeture du feuillet en un sac de très grande taille. Ni le disque unique infini ni la vésicule unique infinie ne sont favorables du point de vue de l'entropie de dispersion, car le système n'aurait qu'une seule configuration possible. Il est préférable de ce point de vue d'avoir beaucoup de petits disques, mais ils coûtent d'autant plus cher en énergie de bord qu'ils sont petits et nombreux, ou beaucoup de petites vésicules, qui coûtent chacune en énergie de courbure du film, $8\pi K_m + 4\pi K_g$ si ce sont des sphères. Tous ces termes entrent en compétition et le compromis est en général favorable aux vésicules.

Comme on l'a vu sur la figure 4.7, ces vésicules ne sont pas toujours des sphères parfaites, d'autres formes sont observées qui correspondent à des vésicules dont les volumes V sont inférieurs à ceux des sphères dont les parois auraient les mêmes aires A, soit des volumes réduits $v = 6\pi^{1/2}V/A^{3/2}$ inférieurs à 1. On a pu systématiser les conditions d'existence de ces déformations par le calcul en considérant que la forme d'équilibre d'une vésicule doit être celle qui minimise l'énergie de courbure sous les contraintes fortes d'une aire A donnée, le film est inextensible, d'un volume V donné, le film est imperméable, et d'une éventuelle courbure spontanée du film, si ses deux monocouches ont des compositions différentes [14, 15].

Une retombée des travaux pour mieux contrôler la fabrication et la manipulation des vésicules à topologie sphérique a été l'observation de vésicules toriques de genres topologiques variés. Les premières apparitions de ces vésicules furent assez inattendues, elles furent reçues comme un défi théorique qui stimula la mise au point de procédures reproductibles et de méthodes d'approche particulières, même si on ne voit pas pour l'instant comment leur topologie peut contribuer à de nouvelles applications. Comme pour les vésicules à topologie sphérique, le principe de leur formation est toujours la nécessité d'éliminer le bord des feuillets obtenus par desquamation en le refermant. Nous n'entrons pas dans les détails des méthodes de préparation qui font intervenir divers mécanismes physico-chimiques suivant des procédures subtiles, mais nous insistons sur les méthodes d'approche, car elles mettent en valeur la contribution de la géométrie des chapitres précédents à l'analyse physique tout en apportant des éléments utiles à l'appréhension des structures infinies que nous décrirons ensuite.

4.2.1   Vésicules toriques de genre $g = 1$

Une préparation pour observation au microscope contient des tores de tailles micrométriques et de volumes variables semblables à ceux dessinés sur la figure 4.8 [16]. La majorité d'entre eux sont des tores axisymétriques « bien proportionnés » caractérisés par des rapports des rayons de leurs cercles directeur et générateur $\alpha = R/r$ égaux à $\sqrt{2}$, et des volumes réduits $v = 6\pi^{1/2}V/A^{3/2}$ égaux à 0,71. Ces valeurs sont celles qui caractérisent le tore de Willmore décrit dans le chapitre 3. On trouve aussi dans la même préparation des tores « maigres » axisymétriques avec $v < 0,71$ et $\alpha > \sqrt{2}$ et des

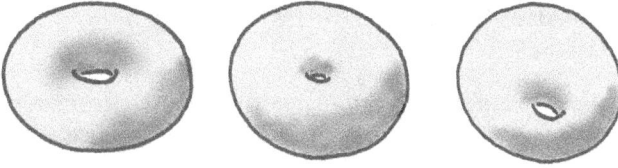

FIG. 4.8 – Trois vésicules toriques de genre $g = 1$, les volumes réduits croissent de gauche à droite, celle du centre a les mensurations d'un tore de Willmore et celle de droite est non axisymétrique. D'après X. Michalet [16].

tores « gras » non axisymétriques avec $v > 0{,}71$ et $\alpha < \sqrt{2}$ moins nombreux que les précédents.

Si maintenant, on abaisse la température de la préparation, cela a pour effet de faire croître le volume réduit des tores, leur paroi se contractant plus vite que l'eau qu'ils contiennent, on voit alors des tores « maigres » perdent soudainement leur axisymétrie. Cette rupture de symétrie est d'autant plus remarquable qu'elle se produit juste lorsque le tore initialement « maigre » devient un tore de Willmore.

Ces observations sont à mettre en relation directe avec certaines des propriétés géométriques énoncées dans le chapitre précédent concernant la projection stéréographique de S_3 dans R_3. Le tore sphérique se projette dans l'espace euclidien en un tore de Willmore si le pôle de projection est sur l'un de ses axes C_∞, en un tore non axisymétrique de volume réduit supérieur si le pôle n'est pas sur ses axes. Pour tous ces tores projetés, la fonctionnelle $\int (C_1 + C_2)^2 ds$ aurait sa valeur minimale $2\pi^2$ comme conjecturé par Willmore. La variation de l'énergie de courbure du film n'impliquant que le terme de courbure moyenne semblable à cette fonctionnelle, puisque la topologie est inchangée lors de la déformation du tore de Willmore axisymétrique en un tore non axisymétrique, on a vraiment là les formes d'énergie minimale. Ces formes ont perdu l'uniformité de celle du tore sphérique, mais les déformations nécessaires sont les déformations minimales. Un tore de volume réduit 0,71 lors de sa formation ne peut donc faire mieux qu'adopter la forme du tore axisymétrique de Willmore et tous les tores de volumes réduits supérieurs celle d'un tore non axisymétrique. Par contre, les tores de volumes réduits inférieurs à 0,71 restent axisymétriques au prix d'un coût en énergie de courbure et l'on a montré, par des calculs semblables à ceux développés pour les vésicules axisymétriques de genre sphérique, qu'ils sont bien des solutions stables compte tenu de ce volume réduit.

Dans ce problème, la réflexion mathématique et l'observation physique, se correspondent parfaitement, les systèmes physiques étudiés ici constituent une illustration convaincante de la conjecture de Willmore et de l'invariance conforme. On va retrouver une situation semblable dans la partie suivante.

4.2.2   Vésicules toriques de genre $g = 2$

Ces vésicules présentent des formes plus différentes entre elles que celles des vésicules de genre $g = 1$, deux d'entre elles étant représentées sur la figure 4.9, et elles peuvent en changer spontanément sur des temps de l'ordre de la dizaine de secondes alors que les paramètres d'observation sont maintenus constants, ce que l'on n'observe pas avec les vésicules de genre $g = 1$ [16].

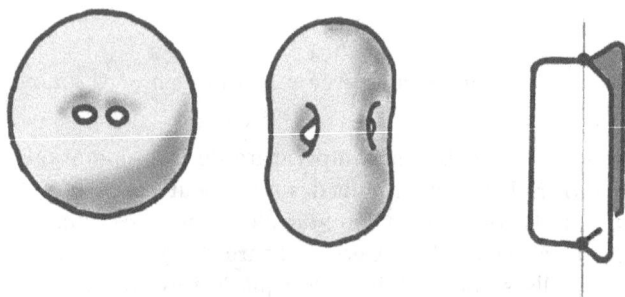

FIG. 4.9 – Deux vésicules toriques de genre $g = 2$ typiques avec un schéma de l'organisation des anses de celle de droite, celle de gauche est dite « en bouton », celle de droite rappelle tout à fait la surface de Lawson. D'après X. Michalet [16].

Ces observations s'intègrent bien dans un schéma semblable à celui développé pour les vésicules toriques de genre $g = 1$. Les mathématiciens ont recherché les surfaces de genre $g = 2$ qui pourraient correspondre à des minima de la fonctionnelle $\int (C_1 + C_2)^2 ds$ en procédant par projection stéréographique dans l'espace euclidien de surfaces compactes minimales de genre $g = 2$ dans l'hypersphère [17]. Une de ces surfaces est celle de Lawson qui ressemble fort à une des vésicules de la figure et une conjecture due à Kusner (1981) énonce qu'elle devrait être, parmi les surfaces de genre $g = 2$, celle pour laquelle la fonctionnelle de Willmore est minimale. Les transformations conformes, comme les déplacements du pôle de projection dans l'hypersphère ou ce qui est équivalent du centre d'inversion dans l'espace euclidien, qui laissent la fonctionnelle de Willmore invariante changent la forme de cette surface, des exemples sont représentés sur la figure 4.10 qui rappelle tout à fait des formes observées avec les vésicules.

À la différence du cas $g = 1$, le volume réduit ne change pas. Le phénomène de déformations spontanées observé s'explique donc par le fait que ces formes de même volume réduit ont la même énergie, l'agitation thermique les aidant à surmonter les résistances venant des viscosités de l'eau et du film lors des changements de forme. Ce phénomène est dit de « diffusion conforme ».

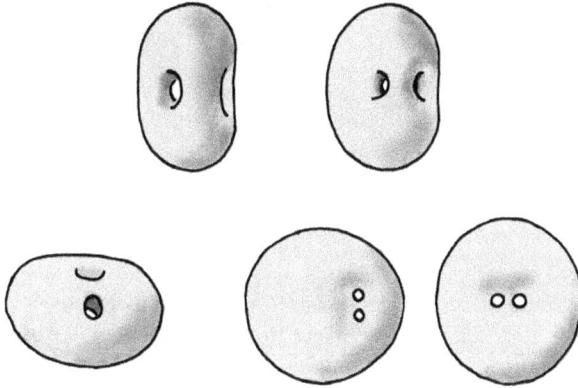

FIG. 4.10 – Un ensemble de surfaces de genre $g = 2$ obtenues par transformation conforme de la surface de Lawson (en haut à gauche), leur énergie de courbure est minimale et elles ont le même volume réduit.

4.2.3 Vésicules toriques de surfaces emboîtées et connectées

Elles sont plus rarement observées que les précédentes et il est vraisemblable qu'elles se forment lorsque plusieurs films parallèles se referment sur eux-mêmes simultanément en s'attachant l'un à l'autre par des passages tubulaires à courbure gaussienne négative, comme représenté sur la figure 4.11 [16]. Le genre topologique d'une vésicule à deux films reliés par n passages vaut $n - 1$, et ce genre croît avec les nombres de passages et de films.

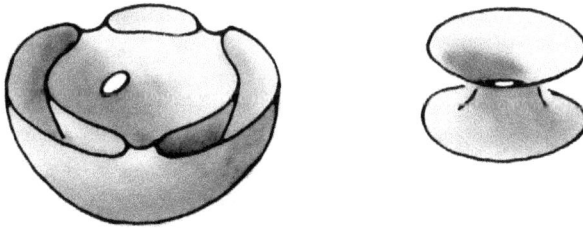

FIG. 4.11 – Coupe d'une vésicule faite de deux sphères emboîtées connectées par quatre passages tubulaires semblables à celui dessiné à droite de forme proche de celle d'une surface caténoïde à courbure gaussienne négative et courbure moyenne nulle. D'après X. Michalet [16].

Les positions relatives de ces passages dans les vésicules à deux films fluctuent très rapidement sur des temps de l'ordre de la seconde en se repoussant l'un l'autre lorsqu'ils sont trop proches. Certaines surfaces compactes minimales de l'hypersphère étudiées par les mathématiciens deviennent, après

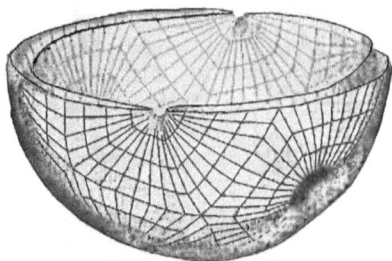

FIG. 4.12 – Coupe de la projection stéréographie dans l'espace euclidien d'une surface compacte minimale de genre élevé de l'hypersphère. D'après U. Pinkall et I. Sterling [18].

projection stéréographique dans l'espace euclidien, des surfaces dont la morphologie représentée sur la figure 4.12 rappelle fortement celle des vésicules que nous venons de décrire [18, 19]. Cette ressemblance suggère que ces dernières pourraient relever de la même approche que celle que nous avons suivie dans les cas des vésicules de genres $g = 1$ et 2.

Enfin, une situation nouvelle décrite sur la figure 4.13 apparaît lorsque le nombre de vésicules emboîtées et la densité des passages sont élevés, ces derniers s'organisant en un réseau régulier [20].

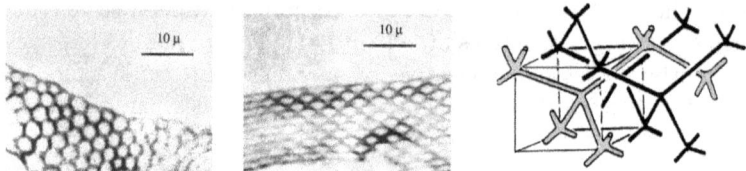

FIG. 4.13 – Observations au microscope optique de l'organisation périodique des passages connectant les films parallèles de nombreuses vésicules emboîtées, à gauche vue suivant les films des vésicules, à droite vue suivant un axe 3 de la structure, et les tracés des deux labyrinthes que cette organisation sépare. D'après W. Helfrich [21].

Dans cette structure, un film unique sépare l'espace en deux sous-espaces identiques schématisés sur la figure comme deux labyrinthes enchevêtrés, d'où la qualification de structure bicontinue, avec une symétrie de réseau diamant,

Un calcul simple à partir de l'énergie de courbure justifie la stabilité des passages, mais pas leur réseau, en l'associant à des variations des modules élastiques [21]. On évalue l'énergie $E_c = \frac{K_m}{2} \int_S (C_1 + C_2)^2 ds + K_g \int_S C_1 C_2 ds$ pour trois configurations représentant les organisations observées à grande dilution :

- une grande sphère unique, représentative d'un film sans bord car sa courbure tend vers 0 quand sa taille croît,

- une multitude de petites vésicules sphériques,

- un ensemble de films connectés par un réseau dense de passages tubulaires à courbure gaussienne négative et à courbure moyenne nulle.

Pour les deux cas de sphères $C_1 = C_2 = 1/R$, $\int_S (C_1 + C_2)^2 ds = 16\pi$ et
$\int_S C_1 C_2 ds = 4\pi$ si bien que l'énergie de courbure par unité de surface de
la grande vésicule vaut $4\pi(2K_m + K_g)$ et celle de N_v petites vésicules vaut
$4\pi N_v(2K_m + K_g)$. Pour l'assemblée de passages tubulaires le terme de courbure moyenne disparaît puisque $C_1 = -C_2$ et seul reste la somme des termes
de courbure gaussienne propre à chaque passage. Cette dernière peut s'évaluer
en partant de deux vésicules sphériques que l'on connecte par ce passage, au
départ la courbure gaussienne totale des deux vésicules vaut 8π, à l'arrivée
celle de la vésicule unique vaut 4π, le passage a donc apporté une courbure
gaussienne de -4π. L'énergie de courbure d'un assemblage de N_p passages
vaut donc $-4\pi N_p K_g$.

L'énergie de courbure devant être minimale à l'équilibre, on rencontre trois
situations :

- si $K_g > 0$, l'assemblée de passages est stable puisque son énergie est
  inférieure à celles des sphères,

- si $K_g < 0$ et $2K_m + K_g < 0$, la population de N_v petites vésicules est
  plus stable qu'une seule grande vésicule,

- si $K_g < 0$ et $2K_m + K_g > 0$, la grande sphère, ou film sans bord,
  est stable. Ce qui permet d'esquisser le diagramme de stabilité de la
  figure 4.14.

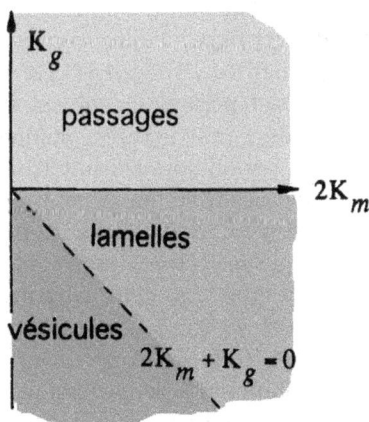

FIG. 4.14 – Esquisse d'un diagramme de stabilité.

Le module de courbure gaussienne K_g croissant, on passe d'une population de vésicules à topologie sphérique à une assemblée de passages. Un élément en faveur de la constitution d'un réseau a été apporté par des calculs numériques de minimisation de l'énergie de courbure dans le cas de trois films connectés par des passages comme dessinés sur la figure 4.15 [22]. Ces calculs montrent en effet que les interactions entre les passages sont répulsives s'ils sont au même niveau, mais attractives s'ils sont dans des niveaux différents.

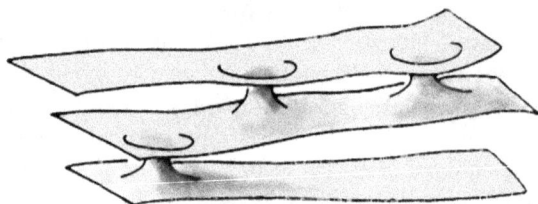

FIG. 4.15 – Passages de formes proches de celle d'une surface caténoïde connectant trois films, les deux du haut se repoussent, celui du bas et celui du haut s'attirent.

Mais avec ces derniers objets, on pénètre dans le domaine des structures périodiques de tores connectés, sujet de la partie suivante.

4.3   Structures toriques périodiques

Si dans la partie précédente nous considérions des molécules telles que la courbure interfaciale du film soit insensible à la dilution, nous sortons maintenant de ce cadre en considérant des molécules telles que cette courbure soit très sensible au degré d'hydratation, ce que favorise un groupe hydrophile anionique ou cationique. C'est alors dans l'empilement même des films que se produit la métamorphose des cristaux liquides lyotropes. Les structures ici en jeu sont représentées sur les figures 4.16 et 4.17. La structure lamellaire est une organisation rigoureusement périodique suivant une dimension de films plans et couches d'eau alternés. Les structures cubiques bicontinues sont des organisations rigoureusement périodiques suivant trois dimensions d'un film unique à courbure gaussienne négative qui peut être fait soit de molécules amphiphiles soit d'eau. En général, dans le cas de molécules amphiphiles à une chaîne, la stucture cubique se forme à partir de la structure lamellaire lorsque le degré d'hydratation croît. Les deux labyrinthes sont alors occupés par les molécules amphiphiles et séparés par un film d'eau, ce qui est la situation représentée sur la figure 4.16, la structure est dite directe ou de type I. Dans le cas de molécules amphiphiles à deux chaînes, la structure cubique se forme à partir de la structure lamellaire lorsque le degré d'hydratation décroît. Les deux labyrinthes sont alors occupés par l'eau et séparés par un film de molécules amphiphiles, la structure est dite inverse ou de type II.

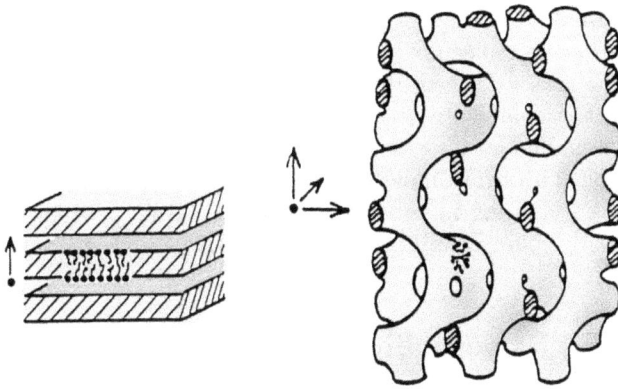

FIG. 4.16 – Une structure lamellaire et une structure bicontinue cubique Ia3d directe dans laquelle un film d'eau sépare les deux labyrinthes construits par les molécules amphiphiles.

Ces structures cubiques, ayant des paramètres de l'ordre de plusieurs nanomètres à dix nanomètres, ont toutes été caractérisées par diffusion des rayons X [23–25]. On a répertorié trois symétries cubiques possibles correspondant aux trois organisations de labyrinthes de la figure 4.17, celle de la figure 4.17a est la moins couramment observée ses connexions à six branches étant peu stables.

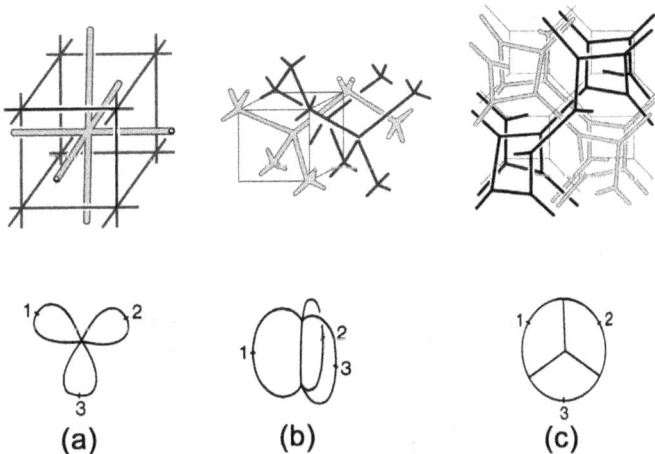

FIG. 4.17 – Les trois organisations des labyrinthes dans les structures de symétries Im3m (a), Pn3m (b) et Ia3d (c). En identifiant deux à deux les faces opposées des cellules primitives il apparaît qu'elles correspondent toutes à des surfaces toriques de genre trois.

La diffusion des rayons X et la résonance magnétique nucléaire [26, 27] ont aussi montré que les molécules qui s'assemblent dans ces structures cristallines y sont désordonnées de façon telle qu'elles s'y comportent comme dans un liquide, à part la contrainte de la localisation des têtes polaires à l'interface. L'ordre à longue distance de ces structures ne peut donc être le résultat de la propagation d'un ordre moléculaire à courte distance, comme cela serait le cas pour des cristaux moléculaires classiques, il ne peut provenir que de l'organisation des interfaces. C'est ce qui a motivé l'approche que nous allons décrire.

4.3.1   Système périodique de films fluides et frustration

Les interfaces planes de la structure lamellaire s'empilent avec des distances entre eux partout égales dans chacun des deux milieux, des interactions répulsives de différentes natures entre interfaces stabilisant cet empilement. Si, à partir de cette situation sans problème, on change la teneur en eau, les distances moyennes entre groupes polaires dans chaque interface changent sans que celles entre les chaînes soient affectées. Cela induit un gradient d'aire latérale le long de la normale à l'interface, donc une courbure interfaciale non nulle, et il devient impossible d'empiler ces interfaces courbées en maintenant des distances constantes entre elles comme le montre la figure 4.18.

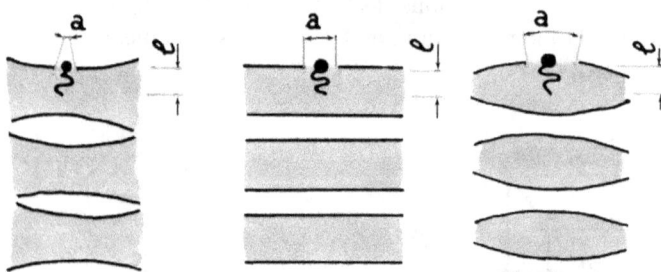

FIG. 4.18 – Représentation schématique d'un système périodique de films avec des interfaces planes (au centre $la/v = 1$) et symétriquement courbées (à droite $la/v > 1$ et à gauche $la/v < 1$). Les structures de droite et gauche sont dites frustrées.

On représente traditionnellement cette tendance à la courbure en utilisant un paramètre dit « moléculaire » la/v, où l est la longueur occupée par la chaîne de la molécule, v son volume et a l'aire moyenne occupée par la tête à l'interface, l'interface est plane quand $la/v = 1$ et courbée dans un sens ou dans l'autre suivant que la/v est supérieur ou inférieur à 1. La structure lamellaire est la seule qui permette de concilier courbures et distances constantes des interfaces. Elle est la seule pour laquelle les forces parallèles aux interfaces, qui contrôlent cette courbure, ne sont pas en conflit avec les forces normales aux interfaces, qui contrôlent ces distances. Toute courbure interfaciale non nulle fait entrer ces deux types de forces dans un conflit apparament sans

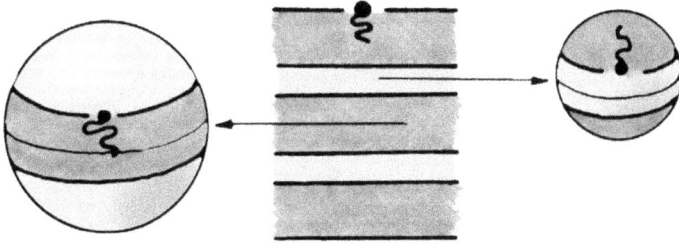

FIG. 4.19 – À gauche, relaxation de la frustration associée aux valeurs du paramètre $\frac{la}{v} < 1$, à droite relaxation pour $\frac{la}{v} > 1$. Dans le premier cas, le milieu connexe est celui des chaînes paraffiniques, dans le second cas, il est celui de l'eau, ce qui anticipe l'échange entre structures inverses et directes.

issue. C'est là une situation de frustration typique qui ne peut être relaxée sans prendre en compte la nature de l'espace dans lequel le système est plongé. Ainsi, notre système périodique de films d'amphiphiles à courbure interfaciale non nulle n'est frustré que parce qu'il doit se construire dans notre espace euclidien, mais il pourrait être tout à fait à l'aise dans un espace courbe, comme suggéré par les représentations bidimensionnelles de la figure 4.19, sur une sphère ou un plan.

En passant de la surface plane de la feuille de papier, un espace euclidien bidimensionnel infini, à la surface courbe de la sphère, un espace bidimensionnel non euclidien fini, les gradients d'encombrement latéral des molécules amphiphiles sont devenus possibles. Les interfaces ont pu être courbées dans un sens ou dans l'autre de façon uniforme en maintenant l'épaisseur constante, il n'y a plus de conflit, cette plongée dans un espace non euclidien a permis de relaxer les frustrations. Il y a plus encore : ces structures finies portées par une sphère sont des cristaux bidimensionnels, comme l'est la structure lamellaire infinie portée par la feuille de papier plane, on y retrouve la même périodicité. La périodicité de la structure lamellaire correspond au fait que si l'on se déplace sur une géodésique de l'espace de la feuille plane perpendiculaire aux interfaces, on rencontre alternativement de l'eau et des amphiphiles. En tournant sur une géodésique de la sphère normale aux interfaces, c'est-à-dire un grand cercle passant par les pôles, on rencontre aussi l'eau et les amphiphiles alternativement et donc périodiquement. Nous allons maintenant passer du monde bidimensionnel de la section normale des films au monde tridimensionnel des films réels et, pour cela, plonger dans l'hypersphère et utiliser son tore sphérique [28].

4.3.2   Relaxation de la frustration dans l'hypersphère

On a vu dans le chapitre 2 que le tore sphérique partage l'hypersphère en deux sous-espaces identiques et qu'il est parmi tous les tores de sa famille celui dont l'aire $2\pi^2 R^2$ est maximale, les aires des tores parallèles décroissant

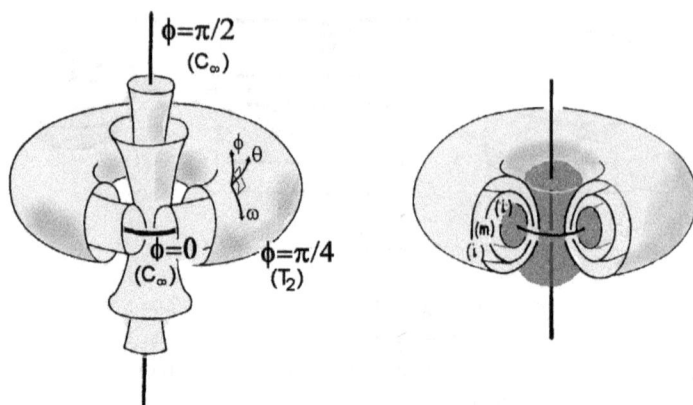

FIG. 4.20 – Remplissage des tores de l'hypersphère par les molécules amphiphiles et l'eau de façon à relaxer la frustration ; (m) est la surface médiane du film, (i) ses interfaces.

régulièrement et symétriquement lorsqu'on s'en éloigne pour se rapprocher des deux grands cercles C_∞. Si l'on place donc la surface médiane du film, qu'il soit fait de molécules amphiphiles (structure inverse) ou d'eau (structure directe), sur le tore sphérique et ses deux interfaces sur deux tores parallèles situés de part et d'autre à égales distances, on relaxe la frustration. On satisfait en effet simultanément la contrainte de courbure interfaciale non nulle, plus exactement de gradients d'aire normalement au film, et celle de distances entre interfaces constantes, comme montré sur la figure 4.20.

On obtient ainsi dans l'hypersphère une structure idéale faite de deux tores enlacés, structure périodique lors de déplacements sur des grands cercles orthogonaux au tore sphérique. Deux tores enlacés comme sont enchevêtrés les deux labyrinthes des structures cubiques bicontinues.

Mais on ne peut pas relaxer ainsi tous les niveaux de frustration, car la géométrie propre à l'hypersphère et à ses tores impose une relation entre la frustration, représentée par le paramètre moléculaire la/v, et les distances, ou la concentration de molécules amphiphiles c_a [29]. En utilisant l'élément de volume en tout point de l'hypersphère donné dans le chapitre 2, on peut calculer que pour le remplissage de la structure par n molécules amphiphiles de volume v, occupant une longueur l et une aire à l'interface a on doit avoir $na = 2\pi^2 R^2 \sin\phi\cos\phi$, $nv = 4\pi^2 R^3 \sin^2\phi$, $c_a = 2\sin^2\phi$ et $l = R\phi$, si bien que l'on peut écrire les relations de compatibilité dans le cas $la/v > 1$

$$\frac{la}{v} = \frac{2\phi}{\tan\phi}$$

$$c_a = 2\sin^2\phi$$

$$l = R\phi$$

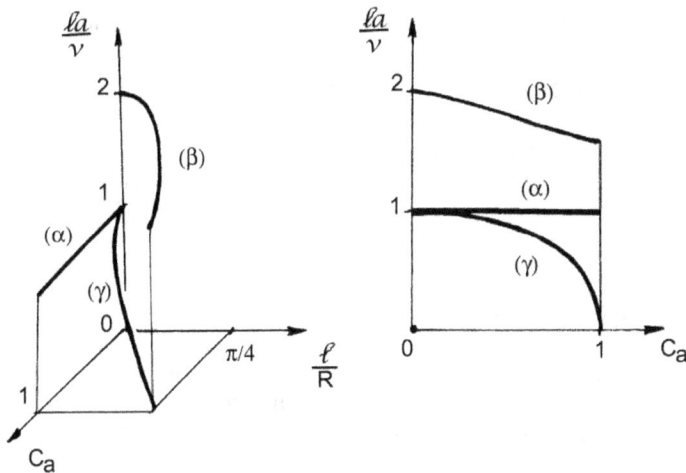

FIG. 4.21 – Courbes d'existence des structures idéales plane (α) et toriques directe (β) ou inverse (γ) en fonction de la concentration en amphiphiles c_a, du paramètre moléculaire la/v et du rapport l/R de la longueur de la molécule au rayon de l'hypersphère, à droite projection des courbes sur le plan la/v, c_a.

qui conduisent au diagramme de la figure 4.21. Un calcul semblable donne les relations dans le cas $la/v < 1$.

On voit que les structures toriques de paramètres la/v supérieur ou inférieur à 1 encadrent la structure plane de paramètre $la/v = 1$, comme les structures cubiques directes et inverses encadrent la structure lamellaire dans les diagrammes de phases des systèmes de molécules amphiphiles.

4.3.3 Retour dans l'espace euclidien

Nous voulons maintenant déduire de cette structure idéale construite dans l'hypersphère les structures qui pourraient satisfaire du mieux possible les exigences de courbure et de distances dans l'espace euclidien. Pour cela, il faut supprimer la courbure positive de l'hypersphère et voir l'effet de cette suppression sur la structure idéale que l'on y a construite. Il n'est pas possible de mettre en œuvre pour cela la projection stéréographique que nous avons utilisée dans le cas des vésicules, car la bicontinuité des structures réelles nécessite que la symétrie parfaite du film par rapport à sa surface médiane soit conservée alors que cette projection la détruit. Nous procédons donc en utilisant la seconde méthode décrite dans le chapitre 3 qui consiste en la compensation du déficit angulaire de S_3 par l'introduction de disinclinaisons normales à la surface idéale et respectant sa symétrie.

Au cours de cette opération, la surface à courbure gaussienne nulle du tore sphérique assimilable à un carré et admettant donc un pavage de carrés $\{4, 4\}$

suivant la notation de Schläfli, devient une surface hyperbolique à courbure gaussienne négative admettant un pavage à quatre hexagones par sommet, ou pavage {6, 4} comme montré dans le chapitre 3. Mais une surface à courbure gaussienne négative uniforme ne peut exister dans l'espace euclidien, contrairement à la surface à courbure gaussienne positive uniforme qu'est la sphère. Il faut donc aborder une nouvelle étape qui est celle du travail a effectuer sur cette surface pour réussir à la « plonger » dans l'espace euclidien tridimensionnel [30].

4.3.4   Plan de Poincaré

Pour accomplir ce plongement, nous utilisons une représentation d'une surface hyperbolique dans le plan euclidien due à Poincaré, la figure 4.22 étant celle correspondant à la surface pavée en {6, 4} [1, 2].

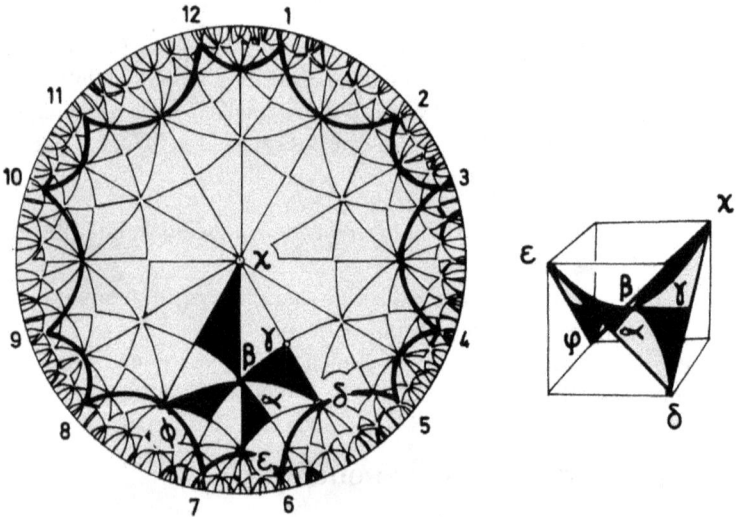

FIG. 4.22 – Représentation de Poincaré de la surface hyperbolique admettant un pavage {6, 4} de six hexagones par sommet avec la cellule dodécagonale de base des surfaces de genre $g = 3$, à droite un élément de surface en forme de selle. La répétition de la cellule dodécagonale par les opérations de translation du pavage couvre entièrement la surface infinie, la transformation de toutes les translations en identifications construit un tore fini de genre $g = 3$ qui ne peut être plongé dans l'espace euclidien.

Les triangles orthoschèmes de la surface, la plus petite unité asymétrique à partir de laquelle celle-ci peut être construite par réflexion dans les côtés, sont représentés en noir et blanc, d'une part ils ne sont pas euclidiens, leurs angles aux sommets valent $\pi/2$, $\pi/4$, $\pi/6$, d'autre part leur taille décroît du centre du diagramme à sa périphérie. Ce dernier point, qui permet d'enclore une surface infinie dans un cercle fini, correspond à la distorsion métrique imposée par cette représentation, les triangles de la surface hyperbolique étant bien tous égaux. On distingue bien un hexagone central de douze triangles orthoschèmes avec trois groupes de douze triangles, donc trois hexagones distordus, attachés à chacun des sommets de cet hexagone. Il s'agit maintenant d'examiner la possibilité d'un plongement de cette surface hyperbolique dans l'espace euclidien de façon à obtenir une surface de genre trois périodique.

Tout d'abord, pour assurer le genre $g = 3$, la cellule de base doit être un polygone à $4g = 12$ côtés de la figure 4.22 dont l'aire A est telle que l'intégrale de la courbure gaussienne sur cette cellule $A/R^2 = 4\pi(g-1) = 8\pi$ et, l'aire a d'un triangle orthoschème étant telle que $a/R^2 = [\pi - (\pi/2 + \pi/4 + \pi/6)] = \pi/12$, on construit cette cellule dodécagonale avec 96 triangles orthoschèmes comme dessiné sur la figure 5 de l'appendice C. Ensuite, il faut trouver, parmi l'ensemble des opérations de symétrie possibles sur ce pavage $\{6,4\}$, celles qui pourraient correspondre à des translations dans l'espace tridimensionnel euclidien. Si on garde toutes les translations possibles, on couvre la surface hyperbolique infinie, si on les assimile toutes à des identifications de côtés deux à deux, on construit un tore fini de genre 3. Ce n'est donc qu'en distribuant translations et identifications que l'on peut espérer trouver des solutions périodiques dans l'espace euclidien. Cela est tout à fait semblable à ce que l'on fait quand avec une cellule carrée on construit un plan par translations ou un tore $g = 1$ par identifications deux à deux des côtés du carré, deux surfaces de courbure gaussienne nulle. Mais une troisième possibilité existe qui consiste à appliquer une identification suivant une direction et une translation suivant la direction perpendiculaire, on construit alors un cylindre infini, lui aussi de courbure gaussienne nulle. On a démontré que ce sont les trois façons d'effectuer des identifications représentées sur la figure 4.23 qui permettent de plonger la surface hyperbolique dans l'espace euclidien sous forme de trois surfaces périodiques à courbure moyenne nulle, chacune séparant cet espace en deux sous-espaces identiques dont les labyrinthes ont les symétries de ceux des structures observées.

Plus récemment, la mise en évidence de structures de surfaces toriques emboîtées formées par des cristaux liquides thermotropes [31, 32] a fait l'objet d'une analyse en des termes semblables [33].

Évidemment, la surface hyperbolique admettant le pavage $\{6, 4\}$ a souffert au cours de cette plongée, il a fallu en découper des parties pour effectuer les identifications et sa courbure gaussienne n'a pu rester uniformément négative, elle est devenue nulle en certains points de la surface. Alors que la frustration était totalement relaxée avec le tore sphérique dans l'hypersphère, structure idéale, elle ne l'est plus que partiellement, mais du mieux possible, avec ces structures dans l'espace euclidien, ce sont des structures optimales.

Ces trois surfaces ne sont pas nouvelles, des observations faites au XIXe siècle avec des films de savon macroscopiques avaient conduit les mathématiciens à développer l'étude de surfaces identiques, dites surfaces infinies

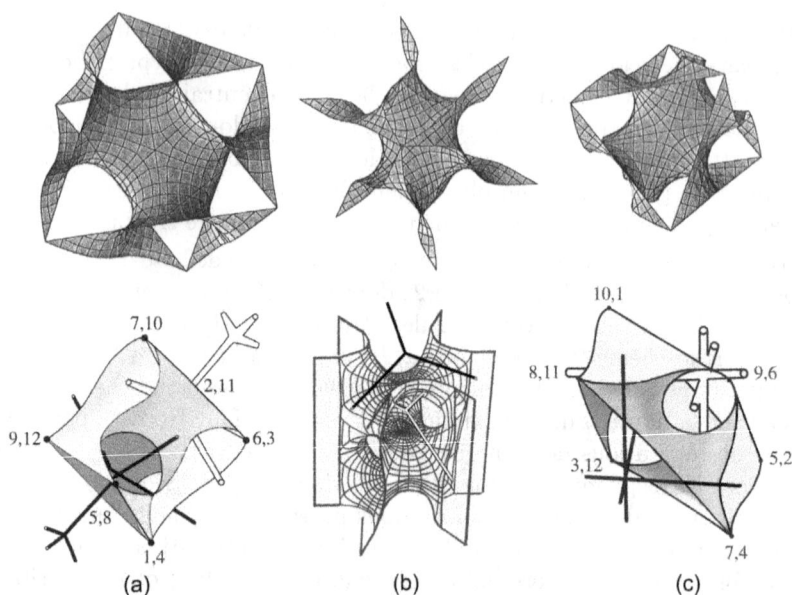

FIG. 4.23 – Les trois modes d'identification de la cellule dodécagonale conduisant à trois structures cubiques dans l'espace euclidien, ils correspondent, de gauche à droite, aux structures bicontinues de symétries, Pn3m (a), Ia3d (b) et Im3m (c).

périodiques minimales ou IPMS. Ces travaux mathématiques ont connu un regain d'intérêt dans les années 1980–1990 stimulé par les caractérisation de structures bicontinues en matière molle ou biologie [34] et par le développement des méthodes informatiques de visualisation. L'identité morphologique entre les surfaces des structures bicontinues et certaines IPMS ne correspond cependant pas à l'identité des termes physiques leur donnant naissance.

4.3.5   Surfaces infinies périodiques minimales et structures cubiques bicontinues

En 1873, le physicien belge J.A.F. Plateau publiait l'ensemble de ses travaux sur la statique des films liquides [35] supportés par divers contours fermés qui, du fait de leur tension de surface, minimisent leur aire sur le contour et doivent donc avoir une courbure moyenne nulle d'après une démonstration de L. de Lagrange en 1760. C'est par exemple le film qui se tend sur un cadre en fil de fer après avoir plongé ce cadre dans une solution d'eau savonneuse. Ce film est un film d'eau encadré par deux monocouches de savon qui assurent l'interface avec l'air, son épaisseur peut atteindre plusieurs centaines de nanomètres, c'est aussi celui qui constitue la paroi d'une bulle de savon dont la tension de surface équilibre la pression interne.

Les travaux de J.A.F. Plateau posaient la question de savoir si n'importe quelle courbe fermée peut servir de support à au moins une surface d'aire minimale, ou à courbure moyenne nulle, un problème mathématique difficile pour lequel le mathématicien allemand H.A. Schwarz proposa en 1890 une première solution dans un cas où le contour n'est pas plan [36]. Parmi tous les contours étudiés ensuite par H.A. Schwarz, certains lui ont permis de construire par réflexion sur leurs côtés des surfaces infinies périodiques à courbure moyenne nulle dites surfaces P et D de Schwarz auxquelles celles de symétries Im3m et Pn3m que nous avons dérivées du tore sphérique sont identiques. H.A. Schwarz initiait ainsi une longue série de travaux sur ce qui fut appelé le problème des surfaces infinies périodiques minimales, minimale étant à prendre ici au sens de courbure moyenne nulle. En 1969, un mathématicien américain, A. Schoen [37], montra que les deux surfaces P et D peuvent être reliées à une nouvelle surface G, de même topologie par une transformation analytique des coordonnées données par la relation de Weierstrass-Enneper étudiée par O. Bonnet en 1853. Notre troisième surface de symétrie Ia3d, elle aussi dérivée du tore sphérique, est identique à cette nouvelle surface G de Schoen. Les trois surfaces P, D et G sont localement isométriques, et la transformation de Bonnet consiste pratiquement à associer de façons différentes la même pièce élémentaire comme nous l'avons fait pour la cellule dodécagonale de la figure 4.23. Les relations entre les approches par transformation de Bonnet et symétries du plan hyperbolique sont examinés dans [38].

Le fait que les surfaces reliées par la transformation de Bonnet des mathématiciens soient identiques aux surfaces plongements de la surface hyperbolique $\{6,4\}$ dans l'espace euclidien des physiciens et le fait qu'il s'agisse de films de savons dans les deux cas ne doivent pas être source de confusion quant à la nature des termes physiques en cause. Dans le premier cas, le film minimise son aire sur divers contours du fait de sa tension de surface, mais les surfaces assemblages de ces contours ne peuvent exister physiquement que si ces derniers restent en place. En fait ces surfaces doivent être vues comme des surfaces mathématiques à courbure moyenne nulle essentiellement. Dans le second cas, l'extension du film n'est pas en cause, il suffit que les interfaces se courbent symétriquement par rapport à sa surface médiane pour que cette dernière ait une courbure moyenne nulle.

4.3.6   Cristaux de disinclinaisons

Deux exigences topologiques sont donc confrontées dans ces systèmes : celle de la configuration moléculaire locale et celle imposée par la structure euclidienne de notre espace, la seconde empêchant la propagation de la première. Nous avons fait disparaître cette incompatibilité en plongeant ces systèmes dans un espace courbe choisi de façon à ce que la configuration locale puisse s'y propager librement, les molécules s'assemblent alors en une structure idéale, le tore sphérique. La mise en correspondance de l'espace courbe

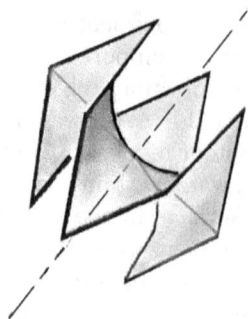

FIG. 4.24 – La selle de singe de la structure bicontinue Pn3m, la disinclinaison, axe d'ordre 3, qui a aplani la surface localement reste entourée de zones courbées s'assemblant en passages tubulaires mémoires du tore sphérique.

avec l'espace euclidien s'effectue en compensant le déficit angulaire du premier par des disinclinaisons. On fait ainsi correspondre au tore sphérique de genre 1 des structures toriques infinies de genre 3 qui sont les meilleurs compromis possibles entre les exigences locale et globale. Dans ces structures optimales, des régions semblable à celle de la figure 4.24 où des selles, « mémoires » de la structure idéale, entourant la distorsion introduite par la disinclinaison, sont régulièrement organisées.

Le coût en énergie est évidemment localisé dans les zones distordues. La stabilisation des structures par les interactions entre ces zones doivent conduire à une organisation la plus homogène possible, elles apparaissent donc comme répulsives. Ces structures optimales étant tout à fait semblables aux structures réelles observées, la complexité de ces dernières n'a plus à être analysée en termes d'assemblages de molécules individuelles, comme cela fut parfois tenté en s'inspirant de ce qui se passe dans les cristaux moléculaires, mais comme l'assemblage de ces régions, chacune d'elles contenant un nombre fluctuant de molécules. Ceci explique comment un état désordonné à courte distance des molécules peut être compatible avec des organisations cristallines à grande distance et justifie le saut d'un ordre de grandeur entre la dimension moléculaire et le paramètre structural. Ce sont alors les disinclinaisons qui s'ordonnent suivant les réseaux de la figure 4.25. On trouve un problème semblable dans le domaine *a priori* assez éloigné des structures à grande maille formées par certains alliages métalliques [39, 40].

Nous avons insisté au début de ce chapitre sur le fait que nous avions choisi de rendre compte de ces structures en ne s'attardant pas sur les détails chimiques des molécules et en ne considérant comme déterminante que leur propriété amphiphile menant à la formation d'un film. Les études de structures construites par des molécules de natures chimiques très différentes des précédentes et de masses plus élevées, des copolymères assemblages bout à bout de deux polymères présentant des affinités pour des solvants organiques

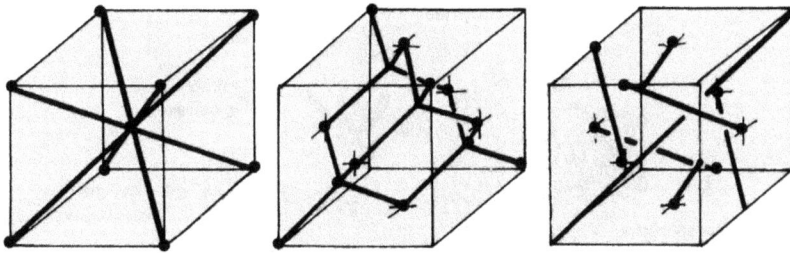

FIG. 4.25 – Les réseaux de disinclinaisons alignées suivant des axes d'ordre 3 dans les structures Im3m, Pn3m et Ia3d, les croix sont aux centres des faces des mailles cubiques.

différents, confirment ce choix. Dans la situation où les deux « blocs » du copolymère sont désordonnés, fondus sans solvant ou en présence de leurs solvants préférentiels, les diagrammes de phases présentent des structures tout à fait semblables en ce qui concernent la symétrie et la topologie à celles que nous venons d'étudier, les paramètres de ces structures étant évidemment en relation avec les plus grandes tailles des molécules qui déterminent les épaisseurs des films [41]. Le fait que le film soit un assemblage de molécules très diverses n'empêche pas non plus la formation de telles structures comme le montrent quelques membranes biologiques placées dans des conditions particulières.

4.4 Structures bicontinues en biologie

4.4.1 Membranes

De nombreuses réactions biochimiques assurent les fonctions nécessaires à la vie, elles s'engrènent suivant des schémas complexes, mais assez universels, dans ou entre des milieux réactionnels très divers. Ces milieux, solutions aqueuses très concentrées en molécules biologiques, doivent être isolés les uns des autres, chacun devant maintenir les conditions nécessaires aux réactions qui s'y déroulent tout en pouvant communiquer pour échanger produits de réactions et informations si besoin. Les membranes des cellules assurent ces deux fonctions. Les films que forment les phospholipides extraits de membranes biologiques constitueraient certainement des frontières étanches, mais ne permettraient ni l'ajustement des propriétés en réponse aux variations des paramètres externes ni les communications contrôlées d'ions, de molécules et d'informations. D'autres molécules, aptes à remplir les rôles d'ajustements des propriétés, de transport matériel et de reconnaissance, sont associées aux phospholipides dans la membrane ou à sa surface : cholestérol, protéines, polysaccharides, pour les plus courantes, comme représenté sur la figure 4.26.

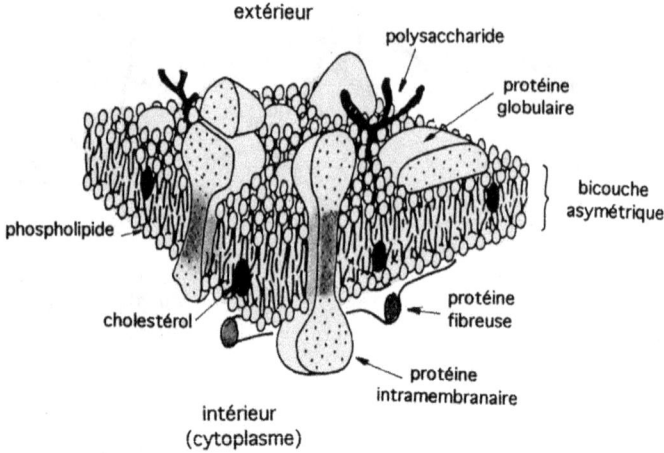

FIG. 4.26 – Représentation schématique d'une membrane plasmique. Les protéines intramembranaires sont stabilisées dans la bicouche de phospholipides par la partie hydrophobe de leur surface, beaucoup assurent le transport transmembranaire, les polysaccharides interviennent dans les processus de reconnaissance, le cholestérol contribue à la fluidité de la membrane et les protéines fibreuses à son comportement mécanique.

Du fait de la présence en leur sein de molécules chimiquement actives comme des protéines, certaines membranes peuvent être en plus des lieux de synthèses. Les membranes biologiques sont donc bien loin de la simplicité et de l'inertie chimique des films physico-chimiques. Néanmoins, si l'on s'intéresse aux organisations des membranes, on constate de nombreuses et frappantes similitudes avec celles des films. Nous allons décrire quelques exemples représentatifs participant au processus photosynthétique dans le monde végétal et choisis dans la mesure où leurs morphologies rappellent celles qui viennent d'être discutées. Ensuite, nous envisagerons brièvement comment la biologie pourrait avoir exploité les lois et les formes de la physico-chimie dans ces structures.

4.4.2   Structures du système photosynthétique

Cette partie s'appuie sur la description des structures présentée dans [42]. Les organelles directement impliquées dans la photosynthèse sont les chloroplastes, un système de membranes parallèles représenté sur la figure 4.27 qui contiennent la chlorophylle et d'autres pigments

Ce remarquable système contient deux sous-systèmes en continuité l'un avec l'autre : des empilements très serrés et très réguliers de saccules, les grana, les saccules d'un même empilement et celles des empilements voisins étant connectées par des « voiles » de deux membranes beaucoup moins organisés

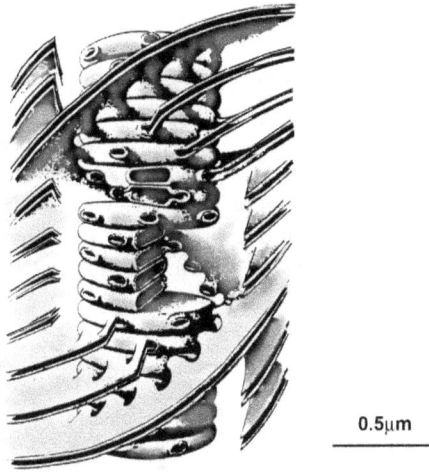

0.5μm

FIG. 4.27 – Reconstitution tridimensionnelle d'un chloroplaste d'une feuille de maïs à partir de clichés de microcopie électronique, d'après B. Gunning et M. Steer [42].

et en contact avec le milieu du chloroplaste, le stroma. Structure difficile à visualiser, mais simple au sens topologique puisque la membrane y est continue et sépare l'espace du chloroplaste en seulement deux sous-espaces. Structure assez stupéfiante quant à son niveau d'adaptation à sa fonction : les centres photosynthétiques sont concentrés dans la membrane des grana dont les empilements accroissent la probabilité de capture des photons qui les traversent et la diffusion des produits de ces réactions dans le stroma est favorisée par la grande surface de contact des « voiles » qui s'y déploient. On trouve d'ailleurs des empilements semblables à ceux des grana dans les bâtonnets et cônes rétiniens aussi bien adaptés à la capture de photons.

Mais la plante verte oubliée dans l'obscurité s'étiole, le jaunissement de ses feuilles est une des manifestations de ce phénomène, il correspond à d'importants changements biochimiques qui détournent le développement des chloroplastes hors de sa voie normale et conduisent à leur transformation en étioplastes. Au cours de cette transformation, l'organisation de la membrane interne change dramatiquement : grana et « voiles » du stroma s'effacent pour faire place à une structuration uniforme plus concentrée dans le stroma dite en « corps prolamellaires ». On décrit ces corps prolamellaires comme des réseaux d'unités tubulaires avec une topologie bicontinue. On y retrouve deux caractéristiques de la membrane des chloroplastes : la membrane est d'une seule pièce et elle sépare l'espace en deux sous-espaces de volumes distincts, le volume extérieur plus grand étant en continuité avec le stroma. Il est tout à fait remarquable que les topologies et symétries de ces structures soient indépendantes de l'espèce de la plante étudiée et, dans certains cas, que ces structures puissent être reconstituées après avoir été isolées *in vitro*.

Corps prolamellaire de coordinence six

C'est l'organisation la plus couramment observée, elle est représentée sur la figure 4.28. Une surface de courbure gaussienne négative rassemblant 6 branches à 90° autour de chaque nœud se développe régulièrement avec une symétrie cubique sur de très grandes distances de plusieurs microns. Elle rappelle bien la structure cubique bicontinue de symétrie Im3m, mais son paramètre est sensiblement plus grand, ≈50 nm, et la surface supportant la membrane sépare deux sous-espaces de volumes différents, sa courbure moyenne n'est donc pas nulle.

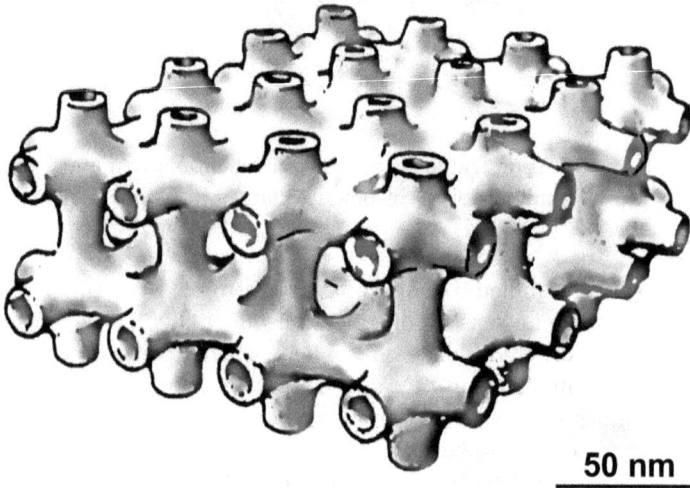

50 nm

Fig. 4.28 – Reconstitution tridimensionnelle à partir de clichés de microscopie électronique d'un corps prolamellaire à coordinence 6 d'une feuille d'avoine, les deux sous-espaces séparés par la membrane ne sont pas équivalent. D'après B. Gunning et M. Steer [42].

Cette surface est périodique, quasiment infinie par rapport au paramètre, mais elle n'est pas minimale. L'extrême régularité de cette structure, son ordre cristallin, n'a pas manqué de frapper les biologistes ; les cristaux sont rares en biologie et ne correspondent pas en général à des objets fonctionnels. Cette structure, ainsi que les suivantes, pourraient n'être qu'une façon de stocker de la membrane en attente du retour du soleil, déclencheur de la régénération des chloroplastes. Le fait que des structures semblables soient souvent observées dans des organelles interagissant avec la lumière ou produisant de la lumière, dans le monde végétal comme dans le monde animal, pourrait être aussi relié à des propriétés optiques particulières favorisant la sélection de certaines longueurs d'onde en relation avec le paramètre du réseau. Pour l'instant, il ne s'agit que de conjectures concernant la fonction de ces architectures.

Corps prolamellaires de coordinence quatre

On trouve là des organisations qui rappellent la structure cubique bicontinue de symétrie Pn3m par leur coordinence, les nœuds étant à quatre branches
à 109°28′. Ces nœuds peuvent être organisés de quatre façons différentes : deux
réseaux parfaitement réguliers bien connus par ailleurs, diamant comme celui
de la structure Pn3̄m et hexagonal, de type wurtzite, et deux organisations
moins régulières dites « open lattice » et « centric PLB ». Les premiers sont
représentés sur la figure 4.29.

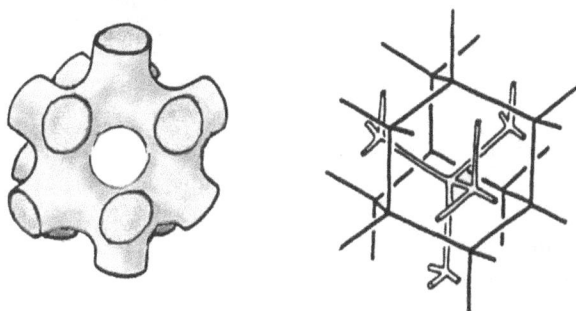

FIG. 4.29 – Tubules des corps prolamellaires à coordinence quatre organisés suivant
des réseaux diamant, les deux sous-espaces séparés par la membrane ne sont pas
équivalent.

Dans les deux cas le circuit le plus court reliant six nœuds est un anneau
hexagonal non plat. La structure en réseau diamant rappelle aussi l'organisation des structures de passages tubulaires dans les vésicules emboîtées de
paramètre encore plus élevé.

Les corps prolamellaires suivants, représentés sur la figure 4.30, ont été dits
moins réguliers que les précédents dans la mesure où les nœuds sont disposés
sur des anneaux hexagonaux et pentagonaux.

Le corps prolamellaire « open lattice » peut être décrit sur la base d'une assemblée périodique de symétrie Fd3m de deux polyèdres légèrement distordus,
des dodécaèdres réguliers avec des faces pentagonales et des hexacaïdécaèdres
irréguliers avec des faces pentagonales et hexagonales, les axes des tubules
s'alignant sur les arêtes des polyèdres. Cette assemblée de polyèdres permet
par ailleurs de rendre compte de la structure des clathrates de type II que
nous n'avons pas décrite dans le chapitre 3 lorsque nous avons évoqué les
clathrates de type I, mais le développement serait identique. Le corps prolamellaire « centric » peut être décrit comme un objet icosaédrique fini dont
le diamètre se situe dans la gamme de 10^2 à 10^3 nm. Tout d'abord, en son
centre, les nœuds à quatre branches construisent un dodécaèdre pentagonal
et sur les douze faces de ce dernier les unités sont organisées en douze colonnes pentagonales rayonnant vers l'extérieur. Ensuite, chaque ensemble de

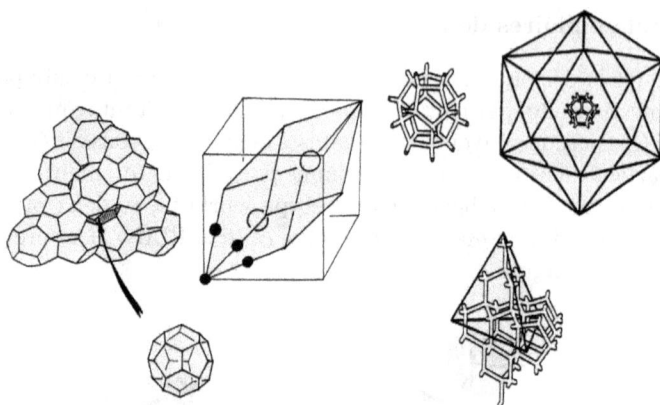

FIG. 4.30 – Labyrinthes dessinés par les axes des tubules dans les corps prolamellaires à coordinence quatre à organisations périodique dite « *open lattice* », à gauche où les axes sont alignés suivant les arêtes de dodécaèdres (●) et de tetracaïdécaèdres (○) empilés en un réseau Fd3m, et finie dite « *centric* » à droite se développant autour d'un dodécaèdre central. Dans chaque cas, le labyrinthe complémentaire de celui dessiné n'est pas présenté.

trois colonnes autour d'un sommet du dodécaèdre central peut être vu comme les bords d'un espace tétraédrique dans lequel les unités sont organisées avec la symétrie du réseau diamant. Enfin, les unités de deux tétraèdres adjacents se connectent au travers d'une région interfaciale où l'organisation est du type wurtzite, c'est-à-dire comme pour le réseau diamant mais les branches sont connectées par quatre, avec une symétrie hexagonale au lieu de cubique. Une organisation tout à fait semblable mais concernant des atomes et leurs liaisons, a par ailleurs été proposée par Gaskell pour interpréter des études par diffraction des rayons X de semi-conducteurs tétravalents [43]. Ces deux derniers corps prolamellaires sont des structures toriques bicontinues comme les deux premiers, mais ils en diffèrent par l'apparition de symétries d'ordre 5. Comme ce phénomène semble se manifester lors de la croissance de la membrane par inclusion de nouvelles molécules, nous avons été conduits à proposer que cette inclusion affecte l'organisation des tubules en agissant sur la courbure de la membrane. Cette action pourrait être directe ou indirecte si les deux sous-espaces que sépare la membrane en étant associés à des milieux différents ne pouvaient croître de la même façon. Nous allons nous placer dans le second cas qui est facile à formuler comme entraînant l'apparition ou le renforcement d'un écart à la surface minimale donc un coût en énergie de courbure [44].

Écart à la surface minimale

On part d'une membrane formant une surface minimale D dans une structure de symétrie Pn3̄m qui sépare l'espace en deux sous-espaces de volumes

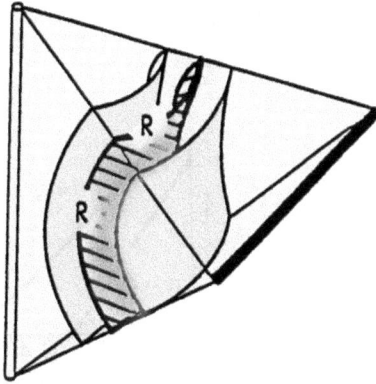

FIG. 4.31 – Un élément de surface minimale (hachuré) à mi-chemin entre les segments des deux labyrinthes, les rayons de ses deux courbures principales sont R et $-R$, ceux d'une surface déplacée parallèlement d'une distance d petite par rapport à R sont $R - d$ et $R + d$, si bien que la courbure moyenne $(C_1 + C_2)/2$ est devenue d/R^2 au premier ordre.

égaux, on suppose que cette membrane n'a pas de courbure moyenne spontanée[1]. Si les deux volumes séparés par cette membrane deviennent inégaux le film doit se déplacer de la surface D vers une surface parallèle à une distance d et le groupe d'espace devient F$\bar{4}$3m. La surface supportant la membrane acquiert alors une courbure moyenne non nulle, elle n'est plus minimale, comme le montre la figure 4.31.

En utilisant les formules classiques des surfaces infinies périodiques minimales pour leur aire A_0 et le volume V_0 de leur cellule [45], le rayon R est relié au paramètre a de la cellule par $\langle 1/R^2 \rangle = -8\pi/A_0$, $A_0 = 2{,}4V_0^{2/3}$, $V_0 = a^3$ et en extrayant des observations $a \approx 2 \times 39$ nm et $d \approx 2$ nm, la courbure moyenne de la surface à la distance d vaut $H_d \approx 3{,}4 \times 10^{-3}$ nm^{-1}.

Cette courbure moyenne pourrait en fait être réduite, sinon annulée, si la structure introduit dans son réseau tétracoordonné d'anneaux hexagonaux des anneaux pentagonaux ayant de plus petits angles entre les côtés et conservant les rayons et longueurs de tubules comme le montre leur coexistence dans les corps prolamellaires distordus. Le modèle simple d'anneaux de la figure 4.32 permet de calculer la courbure moyenne H_n sur la surface torique interne des anneaux $n = 5$ ou 6 construits par des tubules de longueur l et de rayon ρ, là où la courbure est concentrée.

Cette courbure moyenne H_n est telle que $2lH_n = (\rho/l)^{-1} - (n/2\pi - \rho/l)^{-1}$ et les courbes correspondantes montrent que pour une valeur de $\rho/l = \frac{5}{4\pi}$ elle

---

1. Remarquons ici que la terminologie « surface minimale » est ambiguë. Dans ce cas la surface de courbure moyenne nulle séparant deux volumes identiques est plutôt maximales, car toutes surfaces parallèles à une distance d est d'aire plus petite. Par contre la surface est bien minimale si la déformation est localisée telle une bosse.

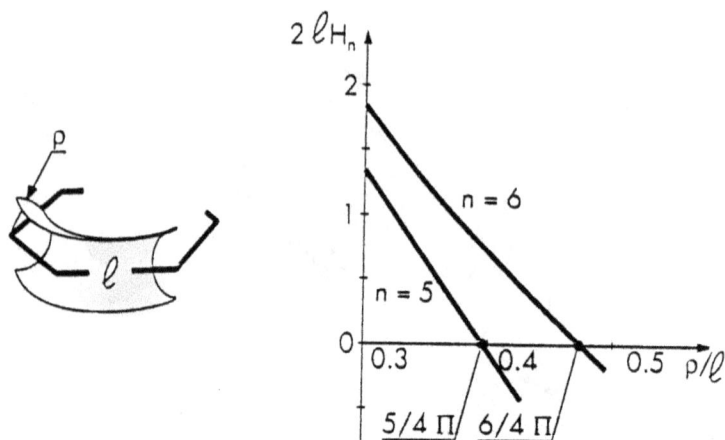

FIG. 4.32 – Portion d'un anneau de côtés de longueur l avec l'élément de surface torique de rayon ρ et l'évolution de la courbure moyenne pour deux valeurs de n.

est supprimée en transformant les anneaux hexagonaux en anneaux pentagonaux. Les observations donnant $\rho \approx 14$ nm et $l \approx 33{,}7$ nm la décroissance de la courbure moyenne $H_6 - H_5 \approx 10^{-2}$ nm^{-1} est bien de l'ordre de grandeur de $H_d \approx 3{,}4 \times 10^{-3}$ nm^{-1}. Mais transformer des anneaux hexagonaux en anneaux pentagonaux et assembler ces derniers en une structure régulière met en présence d'un nouveau problème de frustration.

Un réseau régulier tétracoordonné d'anneaux pentagonaux serait celui formé par les côtés de dodécaèdres réguliers assemblés trois par trois autour de chaque côtés et quatre par quatre autour de chaque sommet. Un tel assemblage ne peut exister dans l'espace euclidien car les angles entre faces et entre côtés du dodécaèdre régulier 116°33′ et 108° sont plus petits que 120° et 109°28′, mais on a vu dans le chapitre 2 que cela est possible dans l'hypersphère avec le polytope $\{5, 3, 3\}$. Nous allons donc examiner maintenant quelles structures pourraient correspondre dans l'espace euclidien à ce polytope, outre celle des clathrates de type I utilisée dans le chapitre 3 pour accompagner l'introduction des notions de défauts de Volterra et de disinclinaisons.

Structure cristalline du corps prolamellaire « *open lattice* »

Nous reprenons ici la présentation du chapitre 3 en la complétant en certains points. Les disinclinaisons compensant le déficit angulaire de l'hypersphère en respectant les symétries du polytope $\{5, 3, 3\}$ peuvent être alignées le long des arêtes de ses dodécaèdres ou perpendiculaires à leurs faces. Dans le premier cas, les anneaux pentagonaux sont tous préservés, mais la structure ordonnée obtenue est celle du polytope $\{5, 3, 4\}$ qui, malheureusement, n'existe pas dans l'espace euclidien mais dans un espace tridimensionnel hyperbolique à courbure négative du fait de son excès angulaire. Les disinclinaisons doivent donc être perpendiculaires aux faces des dodécaèdres et leur angle doit être de $2\pi/5$ compte tenu de la symétrie 5, elles transforment le dodécaèdre régulier en polyèdres irréguliers possédant tous douze faces pentagonales et un nombre variable de faces hexagonales. Ces polyèdres sont le tétracaïdécaèdre avec deux faces hexagonales dont les axes font un angle de 180°, déjà décrit dans le chapitre 3, le pentacaïdécaèdre avec trois faces hexagonales dont les axes sont à 120° l'un de l'autre et, enfin, l'hexacaïdécaèdre avec quatre faces hexagonales dont les axes sont à 109°28' l'un de l'autre. Ces polyèdres irréguliers sont remarquables dans le sens qu'il est possible de construire avec eux, en les associant à des dodécaèdres réguliers, des organisations cristallines dans l'espace euclidien moyennant de faibles distorsions. Parmi les structures construites de cette façon, l'une correspond à la structure du corps prolamellaire « open lattice » de symétrie Fd3m avec une cellule cristallographique unité contenant 16 dodécaèdres et 8 hexacaïdécaèdres. Dans cette structure, les anneaux pentagonaux sont les « mémoires » de l'ordre topologique existant dans l'hypersphère et les anneaux hexagonaux les distorsions nécessaires pour adapter cet ordre à un espace euclidien.

Agrégat du corps prolamellaire « *centric* »

Comme nous l'avons évoqué plus haut, ce type d'agrégat fut tout d'abord proposé pour rendre compte de l'ordre local observé dans les semi-conducteurs amorphes de matériaux, germanium ou silicium, tétracoordonnés. L'arrangement des atomes et de leurs liaisons y est tout à fait semblable à celui des unités branchées et de leurs tubules. De même que dans le corps prolamellaire « *open lattice* », les anneaux pentagonaux sont les « mémoires » de l'ordre topologique existant dans l'hypersphère et les anneaux hexagonaux les distorsions nécessaires pour adapter cet ordre à un espace euclidien, mais leur distribution est différente, sans doute du fait de processus de croissance à partir des faces de dodécaèdres.

Symétrie cinq dans les systèmes du vivant

Symétrie d'ordre 5 et organisation icosaédrique sont très courantes dans les systèmes vivants, soit au niveau microscopique des capsides icosaédriques de virus soit au niveau macroscopique des organismes tels les radiolaires, les étoiles de mer ou les fleurs. La règle de construction des capsides tient à la symétrie des agrégats de protéines les constituant et leur sélection tient au fait qu'une surface icosaédrique étant quasiment sphérique, l'icosaèdre ayant un groupe de symétrie fini qui est la meilleur approximation discrète du groupe de symétrie de la sphère, permet de faire appel au plus petit nombre possible de types de protéines pour enclore un volume donné. Il n'existe pas pour l'instant d'argument aussi simple pour les exemples macroscopiques. Les systèmes que nous venons de discuter pourraient introduire un nouveau point de vue. Tout d'abord leur dimension caractéristique est intermédiaire entre celles des virus et des organismes, ensuite ils montrent qu'une symétrie d'ordre 5 peut apparaître sur des dimensions bien supérieures à celles des molécules alors que ces dernières ne contiennent aucun élément de symétrie de cet ordre. Comme nous venons de le montrer, la nécessité pour la membrane de minimiser son énergie de courbure sous l'action d'une contrainte uniforme appliquée sur toute sa surface peut forcer cette dernière à adopter une configuration où la symétrie d'ordre 5 domine. Cela est un remarquable exemple de comment une propriété locale, la courbure d'une membrane, détermine une propriété globale, la symétrie 5, dans un matériau vivant.

4.4.3   Morphologie comparée des films et membranes

Les ressemblances entre ces configurations de membranes biologiques et les organisations des films physico-chimiques sont telles que nous les avons décrites en des termes très semblables, on pourrait donc être tenté de les analyser strictement dans le même cadre. Cependant, nous avons régulièrement mentionné des faits indiquant qu'une transposition directe du physico-chimique au biologique doit être conduite avec prudence. Une membrane n'est pas un film, les protéines entrent dans sa composition pour plus de 70 %, les phospholipides ne sont là que pour cimenter souplement leur juxtaposition et ces molécules ne sont pas uniformément réparties entre les deux monocouches. On peut alors douter que la structure biologique soit déterminée par la seule compétition entre les aires latérales occupées par les têtes hydrophiles et les chaînes hydrophobes. Une compétition entre les aires des deux monocouches de la membrane, les formes des protéines ou le nombre de premières voisines qu'elles souhaitent avoir, comme représenté sur la figure 4.33, pourraient aussi intervenir pour imposer une courbure gaussienne négative et, éventuellement, une courbure moyenne non nulle.

La relaxation de la frustration dans ces membranes qui ont perdu leur symétrie par rapport à leur surface médiane ne peut plus être assurée dans l'hypersphère par le tore sphérique mais par un de ses tores parallèles. La suite du processus en vue d'aboutir à une structure optimale dans l'espace euclidien reste la même que dans le cas des films et l'on obtient alors des structures dans lesquelles la dissymétrie de la membrane lui impose d'être à une certaine distance de la surface infinie périodique minimale qui supportait le film symétrique.

Les ressemblances tiennent donc à la topologie qui ignore les distances, comme cela est bien illustré par le fait que les paramètres des membranes cubiques sont plus de cinq fois plus grands que ceux des structures cubiques bicontinues des films, alors que leurs épaisseurs sont tout à fait comparables. Cependant, ce dernier fait reste quand même étonnant, car les phospholipides sont tout à fait capables de construire des structures cubiques bicontinues

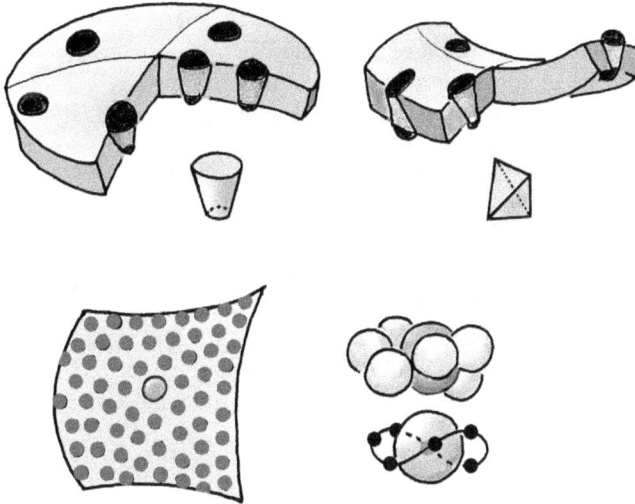

FIG. 4.33 – Des protéines intramembranaires en formes de cône tronqué ou de tétraèdre conféreraient à la membrane une courbure gaussienne positive ou négative, cette dernière pourrait être aussi le résultat de la présence, dans une organisation hexagonale de petites protéines, d'une grosse protéine s'entourant de plus de six de ces petites protéines ce qui revient à créer une disinclinaison. D'après Y. Bouligand [46].

à « petits » paramètres en présence d'eau après avoir été extraits des membranes [24]. Pour comprendre cela, il faut remarquer que la périodicité d'une structure de film ou de membrane liquides ne peut qu'être supérieure à la distance sur laquelle leurs propriétés, en particulier les élasticités de courbures, ne sont plus affectées par les hétérogénéités de composition locales et peuvent être considérées constantes.

Les deux situations sont quantitativement très différentes de ce point de vue. Le film de phospholipides a une composition homogène à toutes petites distances, si bien que l'on peut moyenner ses fluctuations de densité sur quelques molécules seulement et les valeurs moyennes de ses propriétés élastiques se stabilisent au-delà de quelques distances intermoléculaires de l'ordre de quelques nanomètres. La composition de la membrane est, elle, très hétérogène, ses fluctuations de composition se moyennent sur des distances bien plus grandes. La stabilisation des valeurs moyennes de ses propriétés élastiques ne peut se produire qu'à des distances supérieures à celle séparant les grosses hétérogénéités, en particulier les protéines, soit au moins quelques 10 nm. Selon cet argument, une membrane ne peut donc pas développer de structures régulières à petit paramètre semblable à celles des systèmes de la physico-chimie, mais, si structure régulière il y a, elle doit avoir un grand paramètre. Cet argument n'exclut cependant pas que des germes de structures à petit paramètre puissent apparaître localement, lorsque des fluctuations de forte amplitude écartant les protéines rendent la composition de la membrane en phospholipides homogène sur une distance suffisante. La présence des protéines apparaît donc déterminante non seulement par les interactions nouvelles qu'elles introduisent dans les membranes, mais aussi par le fait que leur distribution peut y être homogène ou hétérogène.

Les films et membranes ne prennent donc les mêmes formes que parce qu'ils sont des assemblages de deux couches fluides pouvant se déformer en glissant l'une sur l'autre sans se séparer, l'ensemble des formes possibles étant déterminé par la structure de notre espace, sa topologie [46]. Les cellules disposent avec cet ensemble d'un assez large catalogue de formes dont elles doivent tester les capacités à contribuer à leurs fonctions vitales et seules subsistent celles qui produisent les molécules conduisant à des configurations qui leur confèrent des avantages décisifs face aux conditions extérieures.

Chapitre 5

Torsades

Les objets se présentant immédiatement à l'esprit quand on parle de torsades sont les câbles ou les cordes façonnés à partir de longs fils ou fibres, mais certains longs polymères d'origine biologique ou de synthèse peuvent, eux, construire spontanément des assemblages semblables au niveau microscopique. Les longueurs de ces molécules de très grandes masses, plusieurs milliers de daltons, peuvent en effet atteindre ou dépasser le micromètre alors que leurs diamètres restent dans la gamme du nanomètre. Pour que de telles molécules forment spontanément des torsades, leurs interactions doivent favoriser une agrégation avec torsion et chacune doit pouvoir se conformer à la trajectoire hélicoïdale correspondant à cette torsion. Elles doivent donc être porteuses d'une chiralité moléculaire induisant la torsion et déformables par courbure de leur axe long et par torsion autour de cet axe. Mais alors, la torsion étant imposée de l'intérieur du matériau lui-même et non pas de l'extérieur, les configurations adoptées sont plus originales et plus variées que les câbles et cordes du monde macroscopique. Par ailleurs, ces configurations ne sont pas l'apanage des seules longues molécules. Elles sont aussi le fait de molécules chirales de masses beaucoup plus faibles, quelques centaines de daltons, et de forme allongée qui, du fait de cette dernière, admettent une direction d'alignement commune, un directeur. Ce sont alors les lignes de forces du champ de ce directeur qui s'enroulent en torsades.

5.1 Milieux denses de molécules chirales

La chiralité est un concept de symétrie : un objet chiral n'est pas superposable à son image dans un miroir, ainsi, une main, *kheiros* en grec, est chirale, l'image d'une main droite étant une main gauche non superposable à la première. Il en est de même pour de nombreux autres objets dépourvus comme elle de plan de symétrie comme une vis, une hélice ou la coquille d'un escargot dont les spires peuvent tourner soit à droite soit à gauche. Le dernier exemple montre par ailleurs que le monde vivant a une très forte préférence pour un sens de rotation particulier puisqu'on ne trouve qu'un escargot tournant dans le sens trigonométrique pour environ 57 000 tournant dans le sens horaire. Au niveau moléculaire, ce sont les atomes de carbone qui sont le plus souvent à l'origine de la chiralité, leurs plans de symétrie disparaissant lorsqu'ils sont liés à quatre atomes ou groupes d'atomes différents. Ils sont alors notés C* et dits centres de chiralité ou, plus couramment mais improprement, asymétriques. Cette chiralité des atomes se manifeste en particulier par la rotation du plan de polarisation de la lumière.

Les molécules d'origine biologique ou obtenues par synthèse chimique dont nous allons considérer les organisations torsadées contiennent toutes de tels carbones C*. Les premières sont caractérisées par des chiralités invariables, par exemple les acides aminés des protéines du collagène et les esters de cholestérol sont toujours de type gauche et les sucres de l'ADN sont toujours de type droit. La chiralité est apparue dès les débuts du vivant et s'est maintenue tout au long de l'évolution. Les raisons d'une telle sélection ne sont pas encore élucidées, mais il convient de ne pas l'oublier lors de l'élaboration de médicaments, car si une chiralité est efficace l'autre peut être un poison fortement toxique. Un exemple désastreux est celui de la thalidomide dont une forme chirale présente les propriétés analgésiques souhaitées, mais dont l'autre forme, supposée *a priori* inactive, se révéla en fait tératogène. Dans le cas des molécules obtenues par synthèse, il est possible de contrôler le sens de la chiralité.

5.1.1   Chiralité et torsion

Dans un paquet dense de vis de même chiralité, l'encastrement des filets des vis voisines fait tourner leurs axes d'un angle double de celui des filets, une torsion apparaît dans le paquet. La chiralité de cette torsion a le même signe que celle des vis et son pas est déterminé par leur diamètre et leur pas, ainsi pour des vis de diamètre d ayant des filets inclinés a 10° le pas de la torsion est de 18 d. Si cette analogie concrète rend sensible l'existence d'une torsion liée à une chiralité dans un milieu dense, elle ne peut rendre compte des observations dans les assemblages moléculaires. Par exemple : la molécule de tropocollagène est un assemblage de trois hélices gauches en une hélice droite ; dans les solutions de PBLG, le signe de la torsion varie avec la nature des groupes latéraux et celle du solvant et dans les phases denses de l'ADN dont les sillons sont inclinés de 13° et les distances entre molécules de 2 à 3 nm, on mesure des pas de torsion micrométriques, bien supérieurs au 33 nm que prévoit le modèle simple ci-dessus.

On ne sait pas pour l'instant établir une relation entre les chiralités moléculaire et structurale en prenant en compte les subtilités physico-chimiques dominant ces comportements. On ne peut que constater qu'ils relèvent du principe de Curie énonçant qu'un effet ne peut que présenter la même symétrie que sa cause ou une symétrie plus haute[1], et s'appuyer sur les observations pour caractériser la torsion en milieu dense.

Un exemple typique est celui des phases liquides cristallines [47] cholestériques que peuvent construire toutes les molécules citées plus haut, longues ou courtes, dans des conditions adaptées à chacune. Dans ces phases, les positions des molécules sont désordonnées, mais pas leurs orientations, le champ de ces dernières pouvant être décrit comme présentant une torsion le long de plans parallèles successifs. L'axe d'alignement local, le directeur, tourne régulièrement d'un plan à l'autre avec un pas P, comme représenté sur les figures 5.1a, 5.1b. Les pas mesurés sont de l'ordre de plusieurs centaines de nanomètres dans les phases cholestériques de petites molécules mésogènes, de 1 à 4 μm dans celles formées par des fragments d'ADN longs de 50 nm ou des polymères encore plus longs et peuvent approcher 10 μm dans celles des fibrilles de collagène. Dans ces phases cholestériques, la torsion se propage suivant une direction seulement. Cette configuration, dite de simple torsion, brise la symétrie locale de révolution autour de chaque molécule. Une symétrie plus haute serait obtenue si les molécules étaient en torsion uniforme dans le voisinage immédiat de chacune d'entre elles, la configuration dite de double torsion représentée sur la figure 5.1c. Mais on peut voir sur la figure 5.1d que la propagation à longue distance de cet état local n'est pas possible. Si les molécules s'organisent en double torsion autour d'une molécule en A, les molécules en B doivent adopter des orientations différentes suivant le chemin suivi pour aller de A en B. L'angle de torsion ne peut pas être respecté en B et la densité du milieu y est fortement perturbée. Les forces assurant la torsion et la compacité du milieu sont donc en conflit au voisinage de ce point, conflit caractéristique d'un état frustré.

Cependant, un certain nombre d'observations montrent que toutes les molécules citées réussissent à construire des assemblages préservant des états de double torsion locaux avec des pas comparables à ceux des phases cholestériques. Ce sont soit des agrégats toriques finis soit des structures cristallines infinies, dites phases bleues [48], que nous montrerons être des solutions optimisant du mieux possible les contraintes de la frustration. Les propriétés élastiques des milieux contribuent au choix des solutions en simple ou double torsion.

5.1.2 Élasticité en présence de torsion

On utilise un formalisme vectoriel pour décrire les déformations du champ de directeurs en représentant l'alignement local des molécules par un vecteur en chaque point $\mathbf{r}$ d'un milieu continu où les vecteurs $\mathbf{n}$ et $-\mathbf{n}$ sont équivalents puisqu'il s'agit ici d'un directeur. Les variations de $\mathbf{n}$ doivent être lentes à

---

1. En n'excluant pas les brisures de symétrie. Voir les commentaires à propos de l'hélice de Coxeter (figure 5.16).

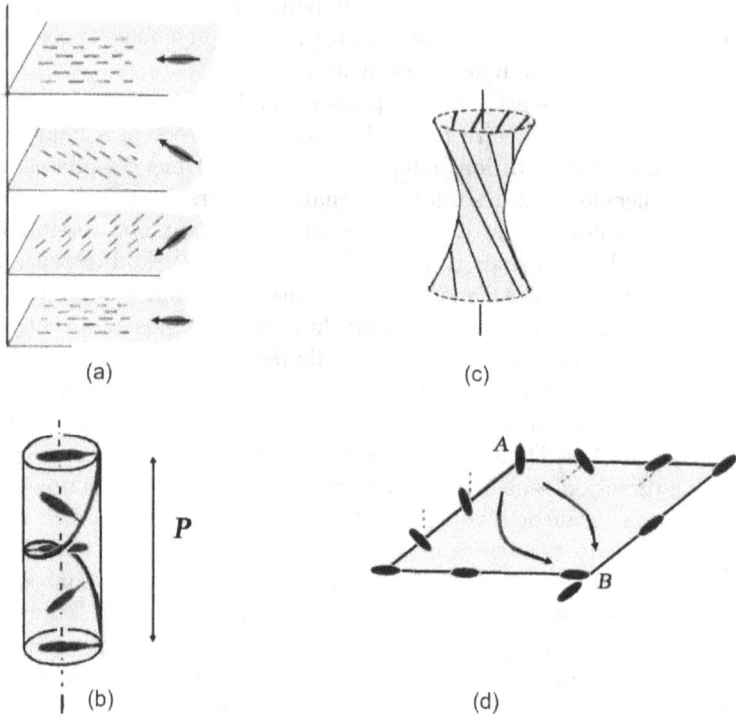

FIG. 5.1 – Torsion suivant une direction dans une phase cholestérique (a) et son pas P (b), configuration de double torsion (c) et la frustration associée (d).

l'échelle des distances intermoléculaires. L'énergie libre par unité de volume du milieu s'écrit alors [47]

$$2E_d = K_{11} \left(\text{div} \mathbf{n} \right)^2 + K_{22} \left(\mathbf{n} \cdot \mathbf{rotn} + q_0 \right)^2 + K_{33} \left(\mathbf{n} \times \mathbf{rotn} \right)^2$$

$$- \left(K_{22} + K_{24} \right) \text{div} \left(\mathbf{n} \cdot \mathbf{rotn} + \mathbf{ndivn} \right)$$

où $q_0 = 2\pi/P$ est la torsion spontanée et où les coefficients K_{ij} sont les constantes élastiques de Frank. Les valeurs des trois premières ont été mesurées dans les cristaux liquides de petites molécules, $K_{11} \approx 0{,}7 \times 10^{-6}$ dynes, $K_{22} \approx 0{,}43 \times 10^{-6}$ dynes, $K_{33} \approx 1{,}7 \times 10^{-6}$ dynes, celle de K_{24} est incertaine et l'on ne dispose pas de mesures comparables dans le cas des longues molécules d'origine biologique. Les déformations[2] correspondant à chacun des termes de cette équation sont représentées sur la figure 5.2.

---

2. Parmi ces déformations, les énergies de celles de « *splay* » et de « *saddle splay* » peuvent être mises en relation avec les énergies de courbures moyenne et gaussienne utilisées dans le cas des films.

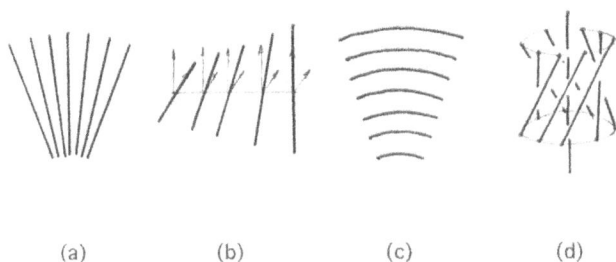

FIG. 5.2 – Dans l'ordre de l'équation donnant l'énergie de déformation, les déformations du champ de directeurs dites de *splay* (a), de *twist* (b), de *bend* (c) et de *saddle splay* (d).

Le terme de « *twist* » correspond à la configuration de simple torsion et celui de « *saddle splay* » à celle de double torsion. Ce dernier terme est un terme de surface et, pour en obtenir une contribution de volume, il faut introduire dans ce volume une densité de défauts jouant mathématiquement le rôle de surfaces additionnelles, défauts qui doivent permettre d'accommoder la frustration évoquée plus haut en diminuant son énergie. Le choix entre les configurations de simple et double torsion, entre phases cholestériques ou bleues, résulte donc de la compétition entre ces deux termes à laquelle doit aussi participer le terme de « *bend* » dans la mesure où les couches cholestériques doivent se courber pour envelopper la configuration de double torsion. Si cette équation complexe met bien en évidence les contributions à la stabilité des organisations, il n'est pas possible de l'exploiter quantitativement du fait du nombre limité de données concernant les constantes élastiques des organisations denses. C'est particulièrement le cas de celles construites par les molécules d'origine biologique pour lesquelles il apparaît que l'environnement ionique joue un rôle important dans le choix entre simple et double torsion or son influence sur les constantes élastiques n'a pas encore été étudiée systématiquement. Nous ne considérerons donc que les contraintes topologiques et géométriques présidant aux assemblages.

5.2 Agrégats toriques

La formation d'agrégats toriques par de longues molécules chirales a été rapportée pour des fibrilles de collagène reprécipitées, des polypeptides synthétiques, de l'actine et de l'ADN dont un agrégat est présenté sur la figure 5.3 [49]. Les agrégats toriques d'ADN sont ceux pour lesquels on dispose du plus grand nombre d'observations et donc ceux que nous décrirons dans ce qui suit.

Un tore est défini par les rayons de ses cercles directeur et générateur que nous notons désormais ρ_d et ρ_g dans l'hypersphère, pour éviter toute confusion

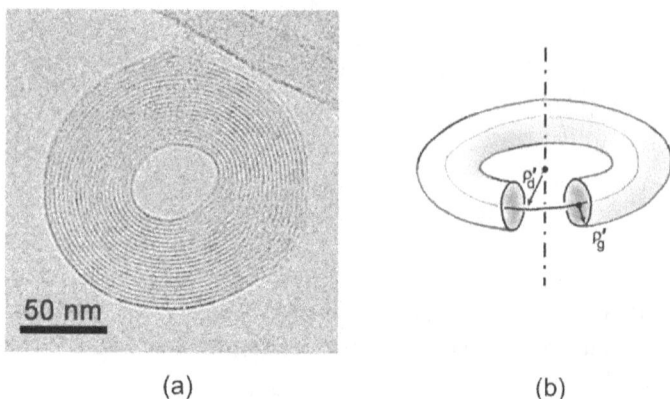

(a) (b)

FIG. 5.3 – Un agrégat typique d'ADN du bactériophage λ de longueur 16 300 nm formé après condensation par de l'hexammine de cobalt et observé en microscopie électronique par N.V. Hud [49] (a) et la définition d'un tore par les rayons ρ'_d et ρ'_g de ses cercles directeur et générateur que nous utiliserons par la suite dans ce chapitre (b).

avec son rayon R, et ρ'_d et ρ'_g dans l'espace euclidien. Pour l'agrégat présenté sur la figure $\rho'_d \approx 50$ nm et $\rho'_g \approx 25$ nm, la distance entre les molécules $d = 2,8$ nm, elles ont chacune six premières voisines et ne sont pas en registre sur leur longueur. La stabilité thermodynamique de cette forme très originale d'agrégation compacte a déjà été examinée dans le cadre de théories développées pour les polyélectrolytes et les cristaux liquides en supposant *a priori* la forme torique. Nous développons ici un argument géométrique montrant que si la chiralité de la molécule impose une torsion dans le milieu de l'agrégat, sa forme ne peut être que torique et ses dimensions caractéristiques proches de celles observées.

5.2.1 L'ADN, fil chiral flexible

Le génome de tous les êtres vivants est constitué d'acide déoxyribonucléique. On le trouve dans les noyaux des cellules eucaryotes, dans le cytoplasme des cellules procaryotes, dans la matrice des mitochondries ainsi que dans les chloroplastes. Certains virus possèdent également de l'ADN encapsulé dans leur capside de protéines. L'information codée par l'ADN se transmet en totalité ou en partie lors des processus de reproduction et est à la base de la synthèse des protéines. On dispose avec cette macromolécule biologique d'un exceptionnel exemple d'un fil de grande longueur possédant une chiralité propre. On peut en effet décrire l'ADN comme une échelle hélicoïdale faite de deux montants liés par des barreaux transversaux comme dessiné sur la figure 5.4.

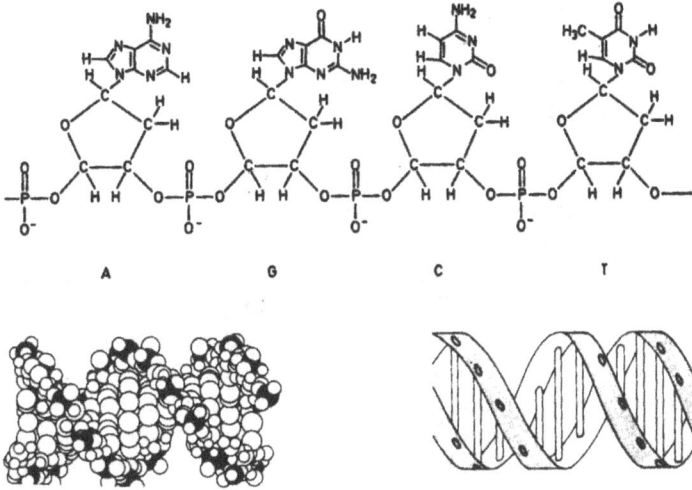

FIG. 5.4 – Une séquence de la chaîne d'ADN associant les quatre bases adénine, guanine, cytosine et thymine. Deux chaînes complémentaires s'emboîtent en s'enroulant l'une autour de l'autre pour former la double hélice droite de l'ADN avec ses petits et grands sillons.

Chaque montant de cette échelle est une chaîne de nucléotides constitués chacun d'un groupe phosphate auquel est attaché un sucre, déoxyribose portant une base, guanine (G), thymine (T), adénine (A) ou cytosine (C), et les interactions de paires entre bases complémentaires (AT et GC) d'un montant et de l'autre en construisent les barreaux. Ces paires de bases sont empilées à une distance de 0,34 nm et tournent à droite de 35,9° de l'une à l'autre si bien que la double hélice dextrogyre a un pas de 3,4 nm. Son diamètre est de 2,4 nm et sa longueur peut varier de fractions de millimètres à quelques mètres suivant l'espèce.

L'enroulement des deux chaînes l'une autour de l'autre, les liaisons hydrogènes entre bases et les interactions directes entre leurs résidus empilés assurent à cette double hélice une remarquable stabilité. Cette organisation est assez rigide à petite échelle, mais elle n'empêche pas la double hélice d'être flexible à grande échelle. Cette flexibilité est caractérisée par la longueur de persistance l_p, la longueur au bout de laquelle les orientations de deux segments de la molécule en solution ne sont plus corrélées du fait de l'agitation thermique, $l_p = K/kT$ où K est le module de flexion. Le coût en énergie élastique d'une déformation portant sur cette longueur est donc négligeable. Cette longueur est de l'ordre de 50 nm pour une pelote désordonnée d'ADN en solution diluée, mais peut varier suivant la concentration et la nature des ions présents dans la solution qui, en écrantant les interactions entre les charges portées par la double hélice, agissent sur sa rigidité K.

La longueur de la molécule d'ADN, même flexible, n'est pas sans poser un problème de rangement à l'intérieur de cellules de dimensions micrométriques. Ainsi, pour la bactérie *Escherichia coli*, l'ADN long de 1,3 mm doit trouver place dans une cellule de diamètre 1,4 μm longue de 4 μm, soit un volume de $6,2.10^9$ nm^3. Il ne suffit pas pour cela que cet ADN se replie en une pelote désordonnée dans le milieu cellulaire, il occuperait alors un volume d'au moins 38.10^9 nm^3 bien supérieur à celui de la cellule, il doit rechercher un mode de repliement beaucoup plus compact sans devoir atteindre néanmoins son volume moléculaire strict de $1,76.10^7$ nm^3, 0,3 % du volume de la cellule. Par ailleurs, le fort ordre local qu'implique cette compacité de l'ADN ne doit pas être un obstacle à la mise en œuvre des processus nécessaire à la lecture des informations qu'il porte. C'est là une question biologique extrêmement importante qui est à l'origine d'un grand nombre d'études des divers modes de compaction qui ont pu être observés dans des cellules, noyaux, virus. La compaction de l'ADN en agrégats toriques est considérée par plusieurs auteurs comme une morphologie fondamentale choisie par la nature pour organiser l'ADN en lui assurant une protection optimale avant qu'il soit placé dans des conditions permettant la transcription de son message. On l'observe en particulier dans les cellules spermatiques de la plupart des vertébrés, où des protéines riches en arginine condensent l'ADN en milliers de globules toriques dont le diamètre hors tout est de l'ordre de 100 nm, ou lors d'infections de bactéries par des virus bactériophages, après que l'ADN du virus ait été éjecté hors de la capside. Plusieurs observations poussent à considérer cette condensation en tant que phénomène d'autoassociation de polyélectrolytes chiraux semi-flexibles, hors du contexte biologique.

5.2.2   Condensation et agrégats

L'ADN en solution diluée de faible force ionique se présente sous la forme d'une pelote aléatoire dominée par les répulsions électrostatiques entre ses charges, l'addition d'ions écrantant ces charges favorise le développement de forces attractives qui entraînent sa condensation. On peut observer cette condensation *in vitro* en ajoutant divers cations multivalents ayant des structures moléculaires très différentes : polyamine, spermidine [50], polylysine [51], spermine [52], hexammine de cobalt [53] ou encore sels monovalents et polymères neutres comme le polyéthylène glycol [54]. La description des agrégats est indépendante de la séquence des paires de bases ou de la nature de l'agent provoquant la condensation. Les agrégats d'ADN de longueurs aussi variables que ceux des bactériophages T2, 57 μm, T4, 54 μm, T7, 14 μm, et λ, 16 μm, ou même des fragments de ces ADN, ont des dimensions caractéristiques comparables si bien qu'ils peuvent contenir un ou plusieurs ADN suivant le cas et faisant une centaine de tours. Une étude systématique des rayons ρ'_d et ρ'_g d'agrégats formés par l'ADN du bactériophage λ dans différents environnements ioniques montre une distribution des rayons localisée autour d'une droite de pente $\rho'_g/\rho'_d \approx 0,55$, comme représenté sur la figure 5.5 [55].

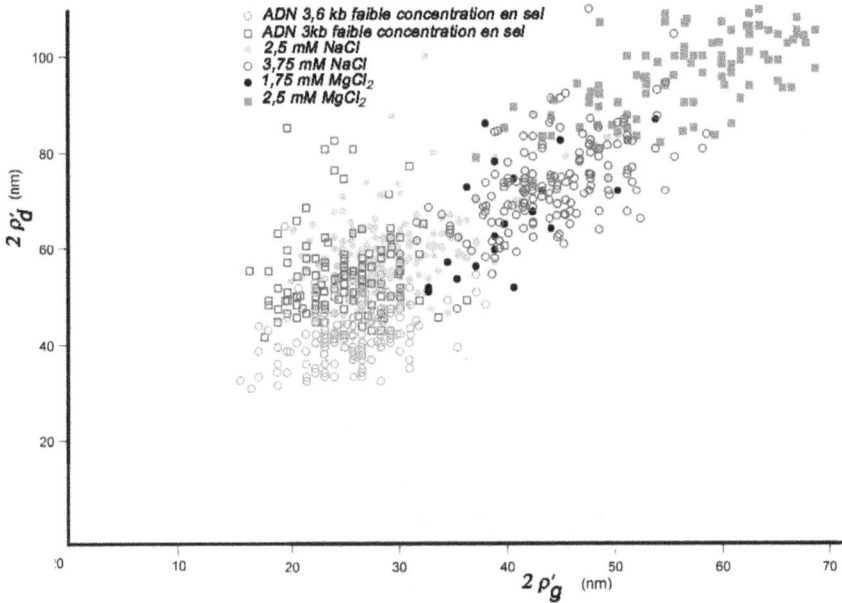

FIG. 5.5 – Rayons ρ'_d et ρ'_g d'agrégats formés par l'ADN du bactériophage λ dans différents environnements ioniques (d'après [55]).

Cette relation entre les deux rayons des tores révèle que l'enroulement de l'ADN en un tore de rayon du cercle directeur ρ'_d ne peut aller beaucoup au-delà d'un rayon du cercle générateur $\rho'_g \approx 0{,}55\rho'_d$, ce qui suggère une limitation de la croissance. En reprenant un qualificatif utilisé pour les vésicules toriques, on peut dire que les agrégats toriques restent « maigres », plus fins que le tore de Willmore, pour lequel le rapport des rayons est $\sqrt{2}$. Aussi, compte tenu de ces valeurs des rayons, une molécule se courbe au plus d'un angle de l'ordre du radian sur la longueur de persistance, cette déformation élastique associée à l'enroulement est donc tout à fait compatible avec la flexibilité et son coût en énergie n'est sans doute pas un paramètre majeur de la morphologie. Enfin, la torsion induite par la chiralité moléculaire n'a pas encore été déterminée dans ces agrégats, mais un ensemble de travaux [56–59] montrent que l'ADN est aussi capable de construire des phases cholestériques et bleues dans lesquelles, en fonction des conditions ioniques et de la température, le pas de la torsion varie entre 0,8 et 2,5 μm pour des distances d entre molécules variant entre 2,4 et 3,2 nm. Nous avons donc proposé qu'une double torsion de pas micométrique soit présente dans ces agrégats toriques dont la distance interaxiale d est de 2,8 nm [60].

Mais comme décrit dans les figures 5.1c, 5.1d, une telle torsion est source de frustration.

5.2.3   Relaxation de la frustration dans S_3

La description des fibrations de S_3 donnée dans le chapitre 2 montre qu'il est possible d'organiser des trajectoires dans cet espace de façon à concilier torsion et compacité, sans qu'apparaisse la frustration propre à l'espace euclidien représentée sur la figure 5.1d. Nous allons donc utiliser ces fibrations comme des supports sur lesquels aligner les molécules d'ADN, leur organisation latérale étant déterminée par celles des points représentatifs des fibres sur leur base. Si l'on voulait rendre compte au mieux du système physique, il faudrait ouvrir les trajectoires fermées des fibres et les connecter entre elles de façon à obtenir des trajectoires de longueurs adaptées à celles des molécules, cependant il apparaîtra plus tard que le nombre de ces coupures et connections est limité si bien qu'elles peuvent être ignorées à ce stade. Parmi toutes les fibrations $\{k, l\}$ de l'hypersphère nous ne retenons que les fibrations $\{k, 1\}$ qui sont celles faisant le plus petit nombre de tours possible autour de l'axe C_∞ correspondant au cercle directeur de l'agrégat torique.

Les fibrations doivent être adaptées aux deux contraintes de compacité et de torsion uniforme : la distance interaxiale d entre molécules avec six premières voisines et le pas P. Tout d'abord, la distance entre deux tores adjacents ϕ_n, ϕ_{n-1} supportant les fibres doit être $R(\phi_n - \phi_{n-1}) = d$ donc $\phi_n = nd/R$, en notant la première fibre, l'axe C_∞ autour duquel les tores sont emboîtés, comme $n = 0$. Ensuite, les fibres doivent tourner d'un angle $\alpha_n - \alpha_{n-1} = 2\pi d/P$ d'un tore à l'autre, donc $\alpha_n = 2\pi nd/P$. En introduisant ces valeurs de ϕ_n et α_n dans la relation de fermeture des fibres $k \operatorname{tg} \alpha_n = \operatorname{tg} \phi_n$, on obtient l'équation $k \operatorname{tg}(2\pi nd/P) = \operatorname{tg}(nd/R)$, ou $R \approx P/(2\pi)k$ dans l'approximation de petits angles valable pour les premiers tores autour de l'axe C_∞ et suggérée par la « maigreur » des agrégats toriques observés. Le pas P de la torsion est alors déterminé seulement par le rayon R de S_3 pour chaque fibration $\{k, 1\}$, la distance interaxiale d n'étant pas déterminante dans cette approximation.

Les variations de R avec P sont représentées sur la figure 5.6 dans le cas des quatre fibrations assurant l'environnement le plus dense. Pour cela la fibre centrale $n = 0$ est voisine localement de six trajectoires dans la première couche $n = 1$; soit six fibres $\{1, 1\}$, trois fibres $\{2, 1\}$, deux fibres $\{3, 1\}$ ou une fibre $\{6, 1\}$.

Ces solutions ne sont pas équivalentes, car le rayon R croît quand k décroît. On choisit entre elles en s'appuyant sur le fait physique que le tore enveloppant l'agrégat doit avoir la plus petite surface pour le plus grand volume de façon à diminuer son énergie interfaciale en solution. Cet argument conduit à choisir la fibration correspondant au plus petit rayon R, soit $\{6, 1\}$. Un contre-argument pourrait être que ce choix est celui qui impose la plus forte courbure aux molécules. Cependant comme la torsion impose une trajectoire hélicoïdale à la molécule et comme la courbure d'une hélice est reliée à son pas le long de son axe donc à la torsion suivant la normale à cet axe, torsion et courbure sont reliées. Ces deux termes doivent correspondre à un équilibre

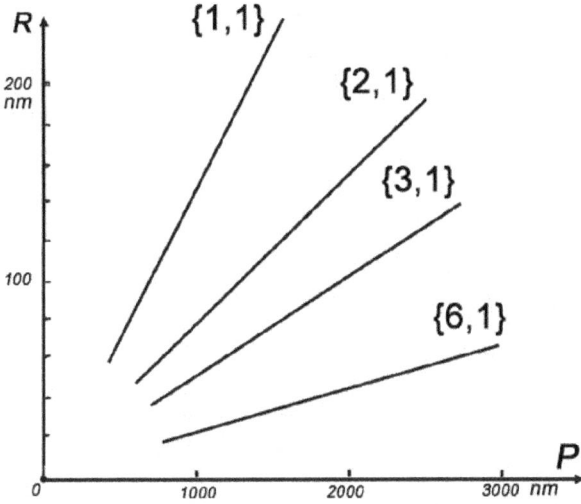

FIG. 5.6 – Le rayon de l'hypersphère en fonction du pas de la torsion pour le fibrations $\{1,1\}$, $\{2,1\}$, $\{3,1\}$ et $\{6,1\}$.

déterminé par les conditions physico-chimiques qui contribue à l'énergie en volume de l'agrégat. En d'autres mots, la longueur de persistance qui caractérise la rigidité de la molécule doit aussi dépendre de ces conditions. Si la longueur de persistance de l'ADN en solution diluée est relativement grande, 50 nm, en raison des fortes répulsions électrostatiques entre ses charges, elle décroît quand ces répulsions sont écrantées par les agents de condensation ce qui abaisse l'énergie de courbure de la molécule.

On utilise donc la fibration $\{6,1\}$ comme modèle d'organisation des molécules dans une hypersphère S_3 de rayon R relié au pas P de la torsion par $R \approx P/12\pi$. Cependant, un examen de la base de cette fibration montre que la contrainte de compacité n'est compatible avec la torsion que dans une portion restreinte de l'hypersphère.

Comme déjà évoqué dans le chapitre 2, l'organisation de fibres unidimensionnelles dans un espace tridimensionnel est représentée par une distribution de points sur une base bidimensionnelle. Suivant la relation d'Euler, cette distribution dépend de la courbure gaussienne de cette surface or il a été montré dans le chapitre 2 que les bases des fibrations $\{k,1\}$ de S_3 avec $k \neq 1$ sont des surfaces de révolution ayant une courbure gaussienne non uniforme. Pour la fibration $\{6,1\}$ dessinée dans la figure 11 du chapitre 2, la base a une forme de poire allongée avec un point singulier à un pôle, dans le voisinage duquel elle peut être vues comme un cône, et une forme quasi sphérique dans le voisinage du pôle opposé. Aussi longtemps que l'approximation conique est valable autour de la pointe, cette région de la base peut être considérée, hors le point singulier du sommet, comme ayant une courbure gaussienne nulle et une distribution régulière de points avec six premiers voisins, donc représentative de six fibres autour d'une fibre, peut y être dessinée. Au-delà de la limite de validité de l'approximation, la base a une courbure gaussienne positive et cette distribution ne peut être maintenue. Ainsi, l'angle ϕ marquant cette limite est celui du plus grand tore de S_3 au-delà duquel une organisation des fibres respectant torsion et compacité commence à subir des distorsions importantes.

5.2.4   Projection stéréographique de S_3 dans R_3

Cette projection doit être appliquée de façon à minimiser les distorsions métriques. Ceci est obtenu en plaçant le pôle de projection le plus loin possible du volume torique à projeter, c'est-à-dire sur l'axe C_∞ opposé à celui autour duquel se développe ce volume et en choisissant un espace euclidien de projection contenant ce second axe C_∞ dans un de ses trois plans de coordonnées. Nous choisissons ici de construire le cœur de la structure torique autour de l'axe C_∞ défini par $\phi = \pi/2$. La transformation correspondant à cette projection est alors définie par les relations $x'_{2,3,4} = Rx_{2,3,4}/(R-x_1)$, où $x_{1,2,3,4}$ sont les coordonnées hypersphériques et $x'_{2,3,4}$ les coordonnées euclidiennes. En appliquant cette transformation aux coordonnées toriques de l'hypersphère, ses tores sont projetés en des tores d'axe x'_2 dont les cercles directeurs sont dans le plan (x'_3, x'_4). La projection d'un tore ϕ caractérisé par des rayons $\rho_d = R$, $\rho_g = R\phi$ et un volume $V = 2\pi^2 R^3 \sin^2 \phi$ est alors un tore caractérisé par des rayons $\rho'_d = R/\cos\phi$, $\rho'_g = R\,\mathrm{tg}\,\phi$, et un volume $V' = 2\pi^2 R^3 \sin^2 \phi/\cos^3 \phi$ comme calculé en appliquant le théorème de Guldin. La fibre centrale $\phi = 0$ n'est pas affectée par la projection, sa longueur $2\pi R$ est conservée. Les volumes des tores enclosant les couches de fibres successives croissent avec ϕ comme $1/\cos^3 \phi$, c'est-à-dire lentement pour les petites valeurs de ϕ des premières couches autour de la fibre centrale, puis divergent rapidement en approchant $\phi = \pi/2$ et les distorsions métriques accompagnent ce comportement. L'organisation du cœur de l'objet projeté dans l'espace euclidien reste donc proche de celle construite dans S_3 sur l'approximation conique de la base et, le volume de l'objet s'accroissant, les distorsions introduites par la projection se conjuguent à celles dues à la courbure de la base pour la perturber.

Cette analyse géométrique montre que la forme torique adoptée lors de la condensation de l'ADN assure de façon optimale la propagation d'une torsion uniforme dans un milieu dense de fibres avec cependant une limitation de la croissance des objets introduite par l'apparition de distorsions dans les couches superficielles.

5.2.5   Dimensions des objets projetés

En écrivant certaines des formules précédentes dans le cadre de l'approximation des petits angles, qui correspond à l'approximation conique de la base bien adaptée pour décrire le cœur de l'objet projeté, on obtient les relations suivantes permettant d'en déterminer sa taille.

- $R \approx P/12\pi$,

- $V' \approx 2\pi^2 R^3 \phi^2$,

- $\rho'_d \approx R$, $\rho'_g \approx R\phi$, et $\rho'_d/\rho'_g \approx 1/\phi$.

Le pas P de la torsion impose R donc ρ'_d, de telle sorte que le remplissage du volume V' par un volume $NLd^2\sqrt{3}/2$ d'ADN, contenant N molécules de longueur L à distance d, impose l'angle ϕ donc ρ'_g. La figure 5.7 présente les rayons caractéristiques attendus pour des agrégats formés par un ou plusieurs ADN du bactériophage λ lorsque le pas de la torsion varie dans la gamme observée dans les phases cholestériques et bleues de l'ADN.

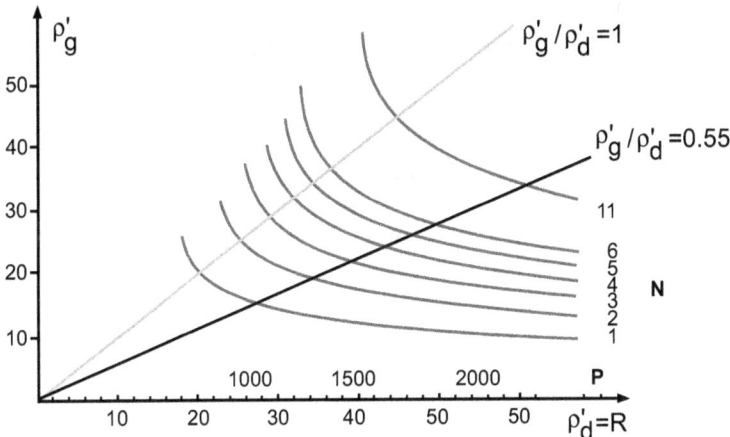

FIG. 5.7 – Variations des rayons ρ'_d et ρ'_g de tores de volume $NLd^2\sqrt{3}/2$, $L = 16\,300$ nm, la longueur d'un ADN du bactériophage λ pris ici comme référence, et N est le nombre de ces ADN.

Sur ce diagramme, les courbes à angle ϕ constant sont les droites de rapport ρ'_g/ρ'_d constant passant par l'origine, plus elles se redressent plus grand est l'écart à la solution optimale. La droite $\rho'_g/\rho'_d = 0{,}55$ tracée sur cette figure est celle correspondant à la droite de pente 1,8 moyenne de la distribution des tailles montrée sur la figure 5.5. Ses intersections avec les courbes à volume constant donnent des rayons caractéristiques en bon accord avec ceux mesurés alors que le degré d'association croît. Ainsi, la comparaison des deux figures suggère que, alors qu'une torsion de pas P impose un rayon ρ'_d à l'agrégat, la capacité de croissance de cet agrégat est limitée à un volume proche de celui correspondant à cette valeur de ρ'_g/ρ'_d, ou à un angle $\phi = 0{,}55$ rad, une valeur extrême en ce qui concerne la validité des approximations. Cette droite apparaît donc jouer un rôle particulier dans le contrôle de l'agrégation. La distribution des points expérimentaux à ses alentours montrée sur la figure 5.5 serait alors le résultat de variations physico-chimiques autour du thème général imposé par la géométrie.

5.2.6   Remarques finales

Les convergences entre le modèle développé à partir des fibrations de Seifert de S_3 et les observations supportent notre proposition de départ qui était de rechercher la cause de la forme torique des agrégats d'ADN dans l'existence d'une torsion spontanée en leur sein. Cette torsion est évidente dans les phases cholestériques et bleues de ce matériau et une étude récente d'aggrégats toriques d'ADN contenus dans des capsides virales patiellement remplies apporte des éléments forts en faveur d'une double torsion dans ces aggrégats [61]. Des indices d'une telle présence sont par ailleurs discernables sur des microphotographies d'agrégats toriques construits par des fibres de collagène. Comme nous l'avons déjà signalé, les fibres de Seifert sont des lignes fermées alors que les molécules sont de longs fils ouverts. Il est donc nécessaire d'envisager couper les fibres et connecter leurs extrémités afin de se rapprocher des secondes. Cependant, chaque fibre $\{6, 1\}$ a une longueur de l'ordre de 1 700 nm si bien que pour rendre compte d'un ADN du bactériophage de longueur 16 300 nm il faudrait créer de l'ordre de dix de ces défauts dans l'organisation des fibres. Ces défauts sont donc peu nombreux, leur nombre étant encore réduit dans le cas de fragments courts d'ADN, et leur contribution à l'énergie en volume de l'agrégat ne devrait pas être importante.

Chaque fibre $\{6, 1\}$ fait six tours autour de l'axe du tore et un autour de son cercle directeur. Le nombre de tours faits par une longue molécule suivant les trajectoires des fibres croît comme le nombre de fibres nécessaires pour représenter la molécule. Par exemple, il doit être multiplié par dix pour l'ADN du bactériophage λ. Cela pose la question de l'enroulement des molécules lors de la croissance de l'agrégat. Elles doivent tourner non seulement autour de l'axe du tore, mais aussi autour de son cercle directeur, un mouvement moins fréquent que le premier mais plus difficile du point de vue topologique. La première idée serait celle d'un tore dont la matière tourne sur elle-même autour du cercle directeur en échangeant les régions à courbures gaussienne positive et négative. Ce mouvement implique une barrière d'énergie, mais il pourrait être facilité par le fait que les molécules voisines peuvent glisser le long d'elles-mêmes puisqu'elles ne sont pas en registre le long de cette direction. Finalement, si la fibration $\{6, 1\}$ apparaît bien adaptée au cas de l'ADN, elle n'est pas la seule possible pour résoudre une frustration entre torsion et compacité, d'autres fibrations $\{k, l\}$ décrites dans le chapitre 2 pourraient se révéler adaptées à d'autres molécules ou environnements.

5.3   Torsades périodiques

Ce sont les phases dites « bleues » se manifestant par cette couleur juste avant la fusion d'une phase cholestérique de petit pas P de quelques 100 nm en un liquide isotrope dans un domaine de température très étroit, de l'ordre du Kelvin. Elles furent observées dès les premiers travaux au début du siècle dernier sur les phases liquides cristallines des esters de cholestérol dont un exemple est présenté en figure 5.8. Compte tenu de leur faible extension et de la précision des techniques expérimentales d'alors, il était possible d'hésiter sur leur nature réelle, elles furent souvent considérées comme des phénomènes prétransitionnels. Leur étude fut reprise dans le courant des années 1980, le fait qu'il s'agit de phases à l'équilibre fut confirmé par la microcalorimétrie et trois phases bleues (BP) distinctes furent clairement identifiées suivant la séquence à température croissante : cholestérique -BPI-BPII-BPIII- liquide isotrope. ces phases sont décrites dans [48, 62]. Il a par ailleurs, été récemment observé que des fragments d'ADN longs de 50 nm, soit dix fois plus longs que les esters de cholestérol, peuvent aussi construire des phases bleues dont le pas de torsion vaut environ 800 nm [59].

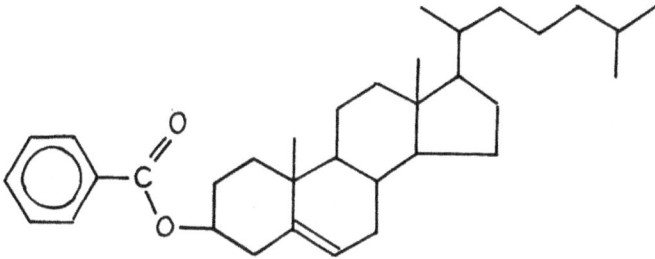

FIG. 5.8 – Formule chimique du benzoate de cholestérol, le système d'anneaux conjoints est rigide, la chaîne saturée et le radical sont flexibles.

Dans le cas des deux premières phases bleues BPI et BPII, la diffraction de la lumière et les observations de monocristaux permirent de les décrire comme des milieux liquides chiraux dont les orientations des molécules sont organisées dans l'espace de façon périodique. Ces réorientations du directeur local construisent des réseaux cristallins cubiques de groupes de symétries $I4_132$ pour BPI et $P4_232$ pour BPII dont les paramètres sont du même ordre de grandeur que le pas de torsion, quelques 100 nm. Ces grandes mailles sont à l'origine de la réflexion de la lumière dans la gamme bleu-violet et il a été proposé que ces phases soient utilisées comme cristaux à gap photonique pour ces longueurs d'onde. La nature précise de la troisième BPIII, portant aussi le nom de « blue fog » car elle diffuse fortement la lumière bleue, n'est pas clairement établie, les orientations du directeur y sont certainement aussi organisées à moyenne distance, mais on se questionne sur la forme et la portée de cette organisation ou encore son éventuelle quasi-cristallinité. Le maintien d'une torsion dans des structures de symétries plus élevées que celle de la phase cholestérique conduisait à penser à la présence de double torsion et une première façon d'approcher ces structures fut d'examiner les organisations tridimensionnelles de cylindres de double torsion permettant une propagation au moins locale de cette torsion [63].

5.3.1   Modèle des cylindres de double torsion pour les phases bleues

Les groupes de symétrie des deux empilements de cylindres de double torsion représentés sur la figure 5.9 correspondent à ceux des phases BPI et BPII. Les tangentes aux hélices que supportent ces cylindres sont parallèles aux points de contact entre ces derniers si bien que la propagation de la torsion évite la frustration le long des lignes passant par ces points.

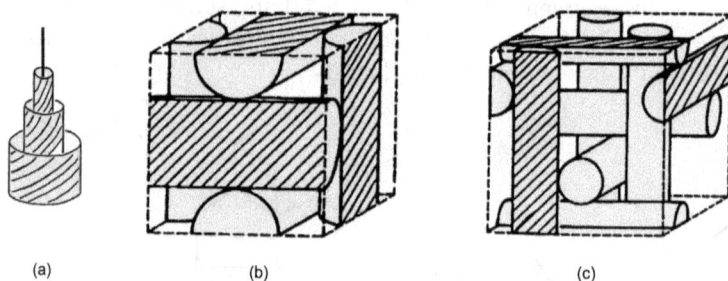

FIG. 5.9 – Schéma d'un cylindre de double torsion (a) et organisations cubiques de tels cylindres ayant les symétries I4$_1$32, celle de BPI (b), et P4$_2$32, celle de BPII (c).

Le directeur tournant de $\pi/2$ de l'axe d'un cylindre à celui de son voisin perpendiculaire, la distance entre ces deux axes vaut $P/4$ et les paramètres des mailles valent P et $P/2$ pour BPI et BPII respectivement. Ces organisations ne peuvent évidemment pas relaxer totalement la frustration associée à la double torsion, si elle l'est le long de droites parallèles aux axes passant par les points de contact entre cylindres, ses effets doivent se manifester ailleurs dans la maille cubique. La figure 5.10 montre une section par un plan normal à un axe d'ordre 3 de la zone de contact entre trois cylindres orthogonaux.

Dans cette section, les réorientations du directeur en trois secteurs autour de son centre correspondent à une disinclinaison semblable à celle représentée sur la figure 3.12 du chapitre 3. Toute la frustration se reporte autour de ces axes d'ordre 3 le long desquels les orientations des directeurs sont désordonnées comme elles le sont dans le liquide isotrope. On comprend alors que ces phases bleues apparaissent à proximité de ce dernier, là où le coût en énergie de tels défauts est abaissé. La figure 5.11 montre comment doivent être organisées ces lignes de défaut dans les deux mailles cubiques proposées pour les phases BPI et BPII.

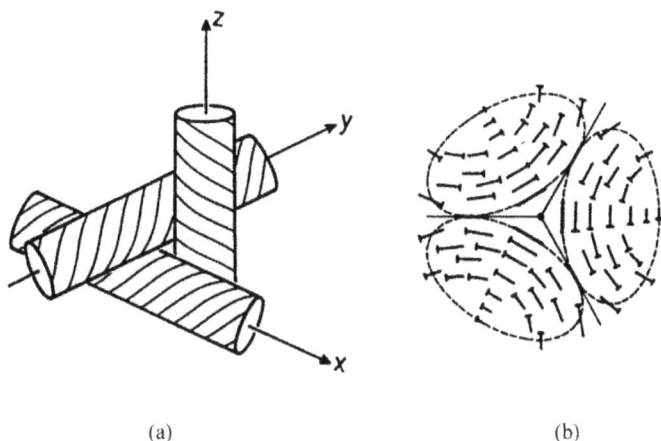

(a)   (b)

FIG. 5.10 – Les orientations des directeurs vues suivant l'axe d'ordre 3 de la région des contacts entre trois cylindres orthogonaux (les clous représentent par convention l'effet de la torsion sur l'orientation du directeur). D'après B. Pansu et E. Dubois-Violette [62].

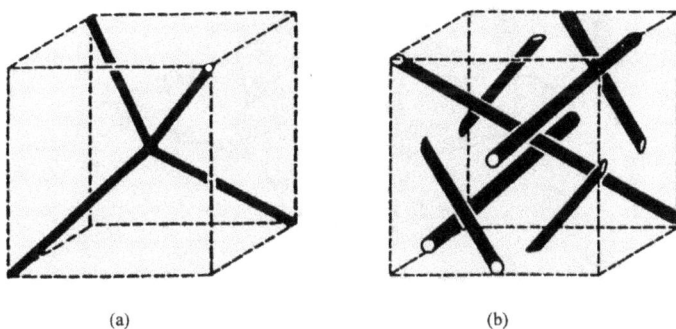

(a)   (b)

FIG. 5.11 – Les lignes de défauts des structures cubiques de cylindres de double torsion $I4_132$, celle de BPI (a), et $P4_232$, celle de BPII (b).

On retrouve alors les deux réseaux de disinclinaisons représentés sur les figures 4.26b, 4.26c du chapitre 4 et présents dans les structures cubiques bicontinues de symétrie Pn3m et Ia3d construites par les films de molécules amphiphiles. Une seconde relation entre les deux systèmes apparaît dans le fait que les groupes de symétrie $I4_132$ et $P4_232$ des phases bleues sont des sous-groupes des groupes Ia3d et Pn3m obtenus en retirant de ces derniers les opérations miroirs incompatibles avec la chiralité. Ces deux similitudes ont donc conduit à considérer les phases bleues de la même façon que les structures cubiques bicontinues [65, 66] et effectivement elle furent mise aussi en correspondance avec une structure idéale construite dans S_3 [64].

5.3.2   Fibration de Hopf et phases bleues

On a vu dans le chapitre 2 que la fibration de Hopf admettant une base sphérique fibre S_3 de rayon R de façon uniforme, sans singularité avec des fibres de même longueur $2\pi R$, fait jouer des rôles symétriques aux deux axes C_∞ de S_3, eux-mêmes axes de symétrie des tores supportant la fibration. On la choisit donc pour représenter les lignes de force du champ de directeurs. La structure idéale est alors faite de deux domaines de double torsion cohérents dont les axes sont les deux cercles C_∞ et l'on remarque que, puisque le pas de la torsion $P = 2\pi R$ pour la fibration de Hopf, la distance entre ces deux axes vaut $P/4$ comme dans le modèle précédent. Les fibres étant tracées sur la famille de tores parallèles au tore sphérique, on peut reprendre ici ce qui a été dit dans les chapitres 3 et 4 pour construire les projections et obtenir l'organisation du champ de directeurs suggérée par la figure 5.12.

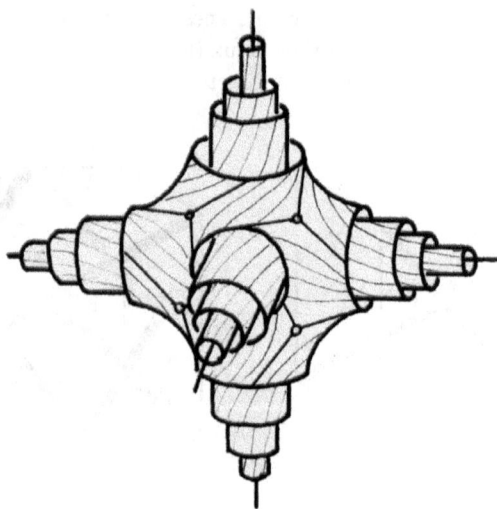

FIG. 5.12 – Tracé du champ de directeurs sur un réseau de surfaces (voir aussi la figure 3.13).

Les similitudes évoquées plus haut entre les phases bleues et les structures bicontinues ne sont donc pas étonnantes, mais deux remarques doivent être faites. Tout d'abord, les organisations des axes de torsion des structures P4$_2$32 et I4$_1$32 issues de cette approche sont celles des labyrinthes enchevêtrés des figures 4.17b, 4.17c ou 4.24a, 4.24b du chapitre 4, elles sont différentes de celles du modèle de cylindres de double torsion, tout en conservant les mêmes symétries. Ensuite, cette approche propose une troisième structure qui aurait la symétrie I432, sous-groupe du groupe Im3m, qui n'a pas été observée dans les phases bleues, bien qu'elle ait été proposée [67]. Nous avions signalé dans le chapitre 4 que la structure Im3m n'est que très rarement présente dans les diagrammes de phases des systèmes de molécules amphiphiles en mettant cela sur le compte de l'instabilité des connections six par six des tiges alignées sur ses axes d'ordre 4 représentées sur les figures 4.17a ou 4.24c du chapitre 4, cela pourrait être renforcé dans le cas des phases bleues.

5.3.3 Phase bleues ou agrégats toriques ?

On vient donc de voir que les agrégats toriques et les phases bleues sont deux façons de s'adapter à la frustration associée à la torsion et, dans le cas de l'ADN, elles ont été observées toutes les deux. Cependant les conditions expérimentales déterminant le choix entre l'agrégat fini et la structure infinie ne sont pas systématisées à l'heure actuelle. Ce choix dépend vraisemblablement d'équilibres subtils entre l'entropie de dispersion, qui favorise l'agrégation finie aux dépens de la structure infinie, l'énergie d'interface pour le premier et celle des défauts pour la seconde. Les observations montrent que ces équilibres sont extrêmement sensibles aux conditions thermodynamiques, en particulier l'environnement ionique, et de nombreux travaux sont en cours pour préciser leurs rôles dans les détails desquels nous ne sommes pas entrés. Nous n'avons évoqué ici que l'aspect strictement structural de ce polymorphisme, mais, au-delà de cet aspect, de tels travaux doivent contribuer à la compréhension des processus de condensation-décondensation *in vivo* de l'ADN qui permettent au matériel génétique d'être dans un état fonctionnel déterminé.

5.4 Collagène et tissus biologiques

L'étymologie du mot « collagène » évoque un produit naturel intervenant de façon importante dans la composition des colles traditionnelles utilisées par divers corps de métier (menuiserie, ébénisterie, reliure, ...) des colles puissantes, parfois assez malodorantes car faites à partir de déchets animaux (peau de lapin, os, tendons, poisson). Certains de ces produits animaux sont utilisés tout aussi traditionnellement par d'autres corps de métiers (cuisine, charcuterie, ...) pour élaborer les gelées alimentaires en exploitant d'autres propriétés du même matériau. Tous ces produits animaux contiennent en fait de grandes quantités de macromolécules assemblées en de très longues fibrilles, dont les enchevêtrements sont à l'origine des comportements particuliers non seulement des colles et gelées, mais aussi des fonctions des tissus conjonctifs des organismes (os, cartilages, armature interne des muscles, tendons, cartilages, ligaments, peaux, cornée, ...).

Les macromolécules constituant le collagène, des glycoprotéines, représentent de l'ordre de 25 % des protéines des mammifères, et les fonctions principales des tissus qu'elles structurent sont des fonctions de liaison, maintien, isolement, perméabilité sélective. Elles doivent donc être capables de construire des assemblages variés afin de répondre au mieux aux exigences de chacune de ces fonctions. Ainsi, l'alignement de fibrilles serrées les unes contre les autres contribue à la résistance à la traction des tendons alors que leur enchevêtrement dans tous les sens avec une densité moindre assurent la souplesse et l'élasticité des viscères. Cette adaptation à des objectifs précis s'obtient d'abord par la structure chimique même de la molécule de base, 19 types de molécules de collagène ont été répertoriés qui sont source d'assemblages supramoléculaires très divers. Par ailleurs, un même tissu doit souvent remplir plusieurs fonctions sur des échelles spatiales différentes, par exemple rester perméable à de petites molécules au niveau du nm tout en étant capable de supporter de fortes contraintes sur des surfaces du mm^2 ou plus. De ce point de vue, le contrôle de processus d'agrégation par étapes contribue aussi à l'adaptation requise.

Du fait de cette très grande variété des molécules et de leurs organisations, les travaux sur ces systèmes et l'élaboration de modèles d'interprétation progressent assez inégalement suivant les systèmes. Les exemples qui suivent ont été extraits des études consacrées aux collagènes cuticulaires, sécrétés par l'épiderme des invertébrés, et de type I, 90 % de tout le collagène d'un vertébré, très documentés à la suite de nombreuses études structurales sur les cuticules, les tendons, la peau et les os.

5.4.1   Structures hiérarchiques

Le collagène présente au niveau moléculaire un remarquable exemple de torsade avec combinaison de chiralités opposées, rappelant les enroulements alternatifs en directions opposées des faisceaux de fibres d'une corde ou d'un câble, et au niveau tissulaire plusieurs exemples d'organisations très ordonnées, rappelant les symétries de phases liquides cristallines. L'évolution d'un niveau à l'autre est résumée par la séquence de dessins de la figure 5.13 pour le collagène cuticulaire [68].

La séquence du collagène de type I commence par les mêmes premiers stades, mais diffère lors de l'assemblage des microfibrilles en fibrilles qui apparaissent striées alors qu'elles sont lisses dans le cas cuticulaire. Il faut mentionner que la présence de microfibrilles regroupant cinq triples hélices n'a pas été clairement mis en évidence, on peut cependant supposer qu'elle a un sens localement sur des longueurs plus petites que celle des molécules [69]. L'élément de base est une longue chaîne polypeptidique représentée sur la figure 5.14, que produisent des cellules spécialisées. Dans le cas du collagène de type I cette chaîne répète 337 fois un motif de trois acides aminés comportant toujours une glycine accompagnée le plus souvent d'une proline ou d'une hydroxyproline.

La formule chimique de cette molécule peut s'écrire comme T-[Gly-X-Y]$_{337}$-T', T et T' étant des groupes terminaux. Dans tous les triplets [Gly-X-Y] orientés dans la même direction, X est souvent de la proline et Y de l'hydroxyproline de façon que presque toujours un sixième des acides aminés soit de la proline ou de l'hydroxyproline. Ces chaînes s'assemblent trois par

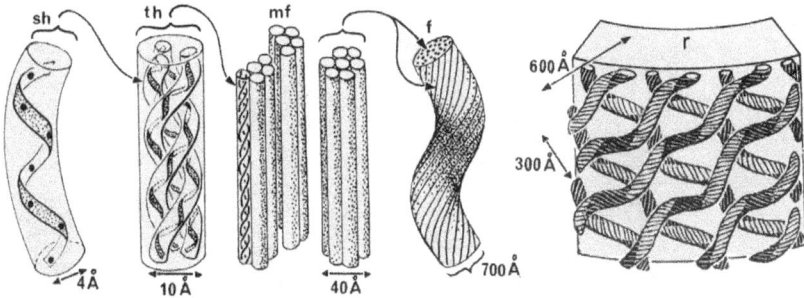

FIG. 5.13 – Les éléments de la cuticule de l'annélide *Alvinella pompejana* vivant à proximité des sources hydrothermales sous-marines et leurs assemblages : une simple hélice gauche formée par une chaîne polypeptidique (sh), une triple hélice droite (th) construite par trois simples hélices, une microfibrille (mf) faite d'environ cinq triple hélices, une fibrille gauche (f) regroupant de nombreuse microfibrilles, le réseau (r) des fibrilles dans la cuticule. D'après F. Gaill [68].

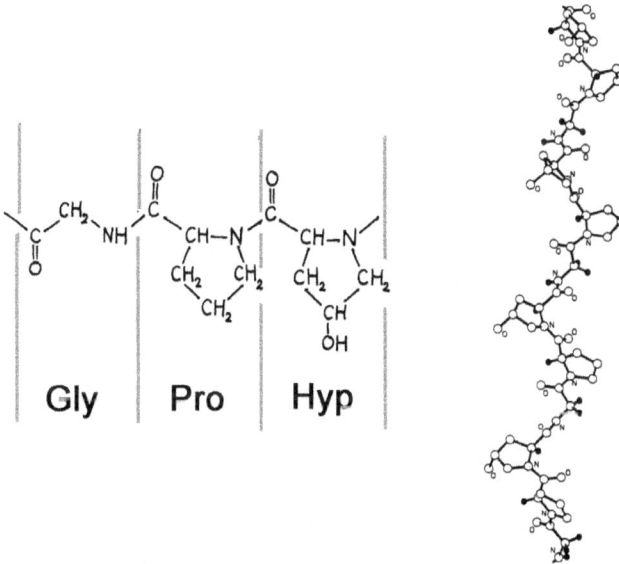

FIG. 5.14 – Les acides aminés et la chaîne de la simple hélice gauche de diamètre 0,4 nm, la glycine est structuralement importante dans la mesure où la petite taille du radical CH2 limite peu les changements de conformations.

trois avec la même orientation, pour construire une triple hélice droite tout en restant elles-mêmes des simples hélices gauche comme représenté sur la figure 5.15 [70].

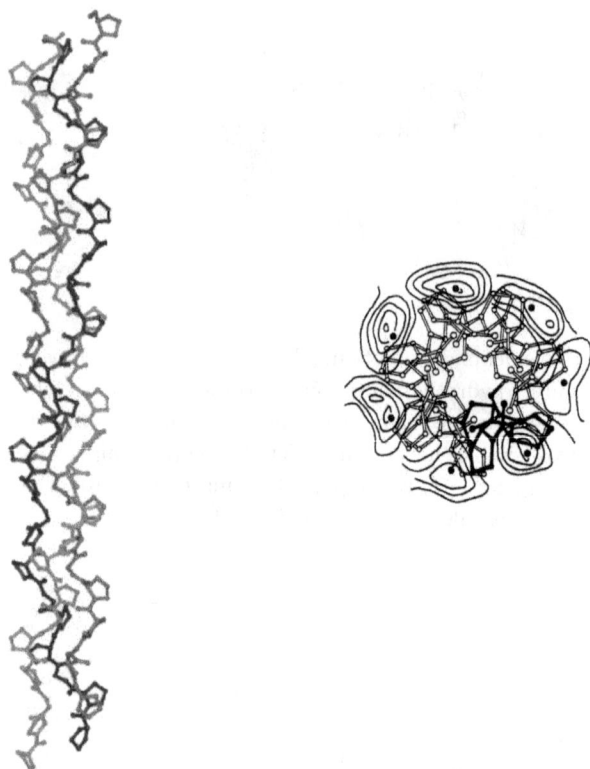

FIG. 5.15 – La triple hélice droite de diamètre 1 nm et de longueur 300 nm formée par l'association de trois simples hélices gauches de polypeptides de synthèse de diamètre 0,4 nm. Cette triple hélice est orientée car ses simples hélices ont la même orientation. D'après K. Okuyama [70].

Cette description succincte montre que quel que soit le type de collagène considéré son assemblage progresse par étapes successives. À chaque étape, les éléments construits au cours de l'étape antérieure s'assemblent pour en construire de nouveaux qui sont à leur tour assemblés au cours de l'étape ultérieure, chaque étape ayant sa propre échelle spatiale. Il s'agit là d'un processus de croissance hiérarchique au cours duquel tous les assemblages sauf le dernier ne peuvent croître au-delà de tailles limites bien définies alors qu'un cristal croît continûment, le « cristal » ne se forme ici qu'avec le dernier des assemblages. Ces étapes ne sont pas toutes également décrites et comprises. L'étude de l'association des simples hélices en triple hélice a bénéficié du fait que des polypeptides de synthèse $[\text{Gly-Pro-Pro}]_n$, avec $n = 7$ ou 10, s'associent eux aussi en triple hélice. Les études structurales des cristaux de ces derniers ont apporté des éléments aidant à l'analyse du système biologique.

Si dans le cas des fibres du collagène de type I l'apparition de striations est assez bien comprise, il n'y a pas encore de consensus quant aux processus assurant l'association des triples hélices en fibrilles. Le modèle le plus largement accepté à l'heure actuelle est celui proposant l'étape intermédiaire des microfibrilles, mais d'autres modèles sont en cours d'examen. Enfin, en ce qui concerne l'organisation des fibrilles dans un tissu, on en est actuellement à un stade purement descriptif, l'observation *in vitro* de modes d'agrégation de fibrilles conduit à établir des analogies avec des phases liquides cristallines qui pourraient aider à éclaircir la mise en œuvre de mécanismes physico-chimiques dans l'organisation biologique. Dans ce qui suit, nous examinerons trois étapes : l'association de simples hélices en triples hélices, celle des triples hélices en fibrilles et divers modes d'organisation de ces dernières. Ces associations et organisations peuvent être reproduites *in vitro* après avoir extrait les objets concernés du matériau biologique, sans que des mécanismes cellulaires puissent intervenir.

5.4.2   Association de simples hélices en triples hélices

L'association des trois hélices gauches en une triple hélice droite représentée sur la figure 5.15 est telle que les glycines de chacune des simples hélices à pas gauche rapide dessine une hélice à pas droit lent de la triple hélice. Des liaisons hydrogène entre les atomes N des glycines et les atomes O des prolines connectent les simples hélices et stabilisent la triple hélice. La formation d'une structure secondaire en hélice est une façon assez courante de rendre compacte une structure primaire linéaire périodique en biologie, les hélice des protéines par exemple, mais ce que l'on rencontre ici est beaucoup plus riche. Tout d'abord trois chaînes, et seulement trois, s'associent, de telle façon que l'hélice simple des premières est gauche et la triple hélice obtenue est droite, et enfin l'hélice simple aurait un nombre non entier d'acides aminés par tour, autrement dit la périodicité de la structure primaire ne se retrouverait pas dans la structure secondaire en hélice. Si l'on s'attache aux symétries de cette association, il est possible de développer une approche géométrique en justifiant les grandes lignes [71, 72], car ce sont là deux des propriétés d'un objet géométrique particulier, l'hélice ou colonne de Boerdijk-Coxeter (BC) [73, 74].

Cette dernière est construite en empilant des tétraèdres réguliers suivant une trajectoire rectiligne. On choisit une face d'un tétraèdre, on colle sur elle un second tétraèdre et l'on poursuit ainsi en évitant d'avoir plus de trois tétraèdres partageant un même côté et en maintenant les angles entre les faces les plus extérieures les plus plats possibles comme représenté sur la figure 5.16.

Les sommets de chaque tétraèdre étant aussi les centres de quatre boules empilées de façon compacte, l'hélice BC peut être aussi vue comme un empilement compact de sphères suivant une trajectoire rectiligne. Si l'on suit sur cette colonne les sommets ou boules premiers voisins, on observe qu'ils dessinent trois types d'hélices suivant le nombre de tétraèdres partagés par les

(a)

(b)

(c)

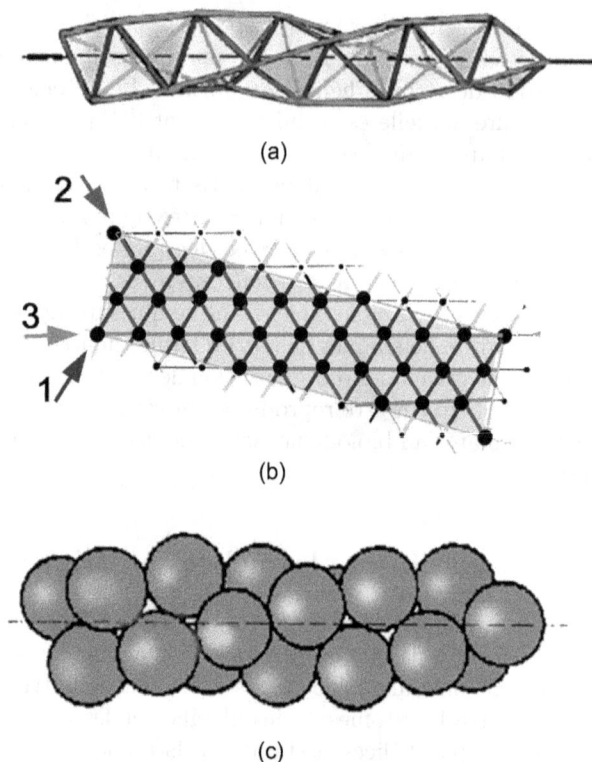

Fig. 5.16 – La colonne de tétraèdres de Boerdijk-Coxeter (a) et ses trois types
d'hélices dessinées sur une colonne B-C ouverte (b) : trois de type {3}, deux de
type {2}, une de type {1}, et l'empilement de boules correspondant (c). C'est un
objet chiral bien que les tétraèdres ou les boules le constituant ne soient pas chiraux,
mais il est possible de le construire avec deux chiralités opposées. Dans le cas du
choix représenté ici, les trois hélices les plus tendues (type {3}) ont un pas à gauche,
les autres (types {1} et {2}) un pas à droite.

côtés les joignant. Les côtés appartenant chacun à un seul tétraèdre dessinent
trois hélices à grands pas dites hélices {3} disposées suivant une symétrie
d'ordre trois autour de l'axe de la colonne. Les côtés partagés par trois tétraèdres dessinent une seule hélice à petit pas dite hélice {1}. Les côtés partagés
par deux tétraèdres dessinent deux hélices de pas intermédiaire dites hélices
{2} de sens opposé à celle des précédentes. Aussi, en comptant les sommets ou
boules sur ces hélices {2}, on n'en obtient pas un nombre entier par tour du
fait d'une incommensurabilité entre la distance séparant les centres de deux
tétraèdres voisins et le pas des hélices. Une façon simple d'examiner certaines
des propriétés de l'hélice BC est d'en construire un modèle en découpant une
bande large de trois triangles dans un réseau triangulaire dessiné sur une

feuille de papier plane puis en rejoignant les deux bords de cette bande décalés pour maintenir la périodicité du réseau. En développant l'enchaînement
des séquences [Gly-Pro-Hyp] sur les sommets de triangles appartenant à l'une
des deux hélices {2}, les glycines Gly occupent alors un site sur deux de l'une
des trois hélices {3} de chiralité opposée, les Pro et Hyp étant chacun disposé
sur l'une des deux autres hélices {3} comme représenté sur la figure 5.17.

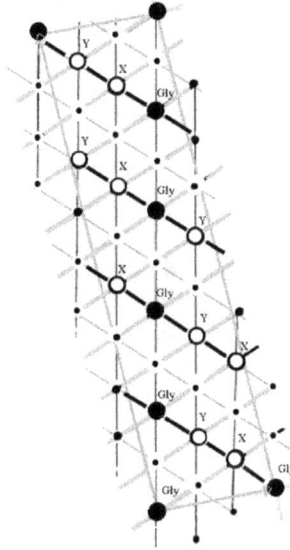

FIG. 5.17 – Décoration de la bande de triangles de la colonne de Boerdijk-Coxeter
par les motifs [Gly-X-Y] du collagène, avec souvent X = Pro et Y = Hyp.

Cette colonne décorée par les motifs Gly-Pro-Hyp le long d'une hélice {2}
et Gly le long d'une hélice {3} peut alors être prise comme modèle d'une
simple hélice et celui de la triple hélice serait obtenu en associant trois de
ces modèles. Bien que ces modèles en hélices puissent être construits dans
l'espace euclidien, leur association sans distorsion impose de les disposer de
façon que les sommets des tétraèdres soient sur ceux du polytope {3, 3, 5}
donc construit dans un espace courbe S_3, comme expliqué dans le chapitre 2.
Les 120 sommets du polytope {3, 3, 5} sont disposés sur douze grands cercles
de S_3, des fibres de Hopf dont les points représentatifs sur la base de la
fibration sont les douze sommets d'un icosaèdre sphérique puisque la symétrie
du polytope est d'ordre 5. Douze grands cercles « naturellement » torsadés
dans cet espace et portant chacun dix sommets du polytope. Une simple hélice
est alors représentée sur cette base icosaèdrique par un triangle équilatéral et
trois molécules torsadées par trois triangles attachés chacun aux sommets d'un
semblable triangle « central », comme dessiné sur la figure 5.18.

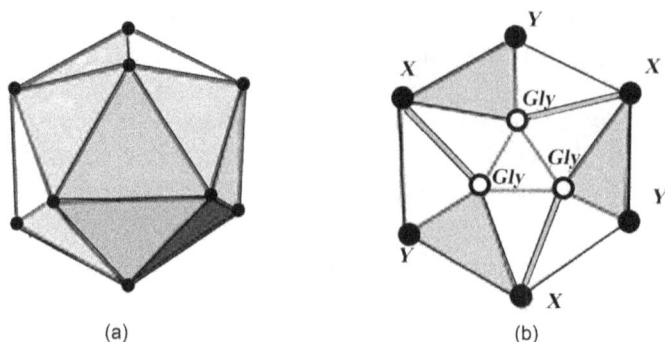

(a)   (b)

FIG. 5.18 – Base icosaèdrique d'une fibration de Hopf discrète passant par les sommets du polytope $\{3, 3, 5\}$ (a) et représentation par des triangles de trois simples hélices associées en une triple hélice (b).

Ce triangle « central » est base d'une colonne BC dont un site sur deux des grands cercles ou hélices $\{3\}$ est occupé par les Gly des colonnes BC des trois simples hélices l'entourant. Cette localisation des Gly dans le cœur de la torsade correspond bien à celle que révèlent les caractérisations structurales de cristaux de polypeptides synthétiques. En dessinant les colonnes BC sur les rectangles des tores portant les fibres de Hopf il est possible de dénombrer sur la figure plane obtenue 3,75 acides aminés par tour de la simple hélice $\{2\}$ et de voir que les liaisons H qui relient les Gly et Hyp de deux simples hélices doivent être quasiment normales à l'axe, ce qui s'accorde avec les observations. La projection d'un tel objet torique plongé dans S_3 en un objet droit dans R_3 ferait appel à une procédure complexe qui n'a pas encore été élaborée, mais ce que l'on obtient dans S_3 est représentatif de l'organisation locale dans R_3 et l'accord avec les grandes lignes des observations est globalement satisfaisant.

Cette approche fournit par ailleurs une information concernant un terme susceptible d'intervenir dans la stabilisation de la structure. Une projection de S_3 dans R_3 distord moins la colonne BC du cœur de la torsade que sa périphérie et, les Gly y occupant un site sur deux des hélices $\{3\}$, on peut placer les deux protons de chaque Gly sur l'ensemble des sites, ces protons sont donc organisés de façon compacte dans ce cœur. Cette compacité du cœur protégerait ainsi les CH_2 hydrophobes des Gly du contact avec l'eau en mettant à profit la déformabilité de la chaîne dans la région des Gly pour accommoder la chaîne à cette géométrie, la faible taille des protons favorisant les rotations isomériques autour des liaisons. Cette force hydrophobe amorcerait alors l'agrégation de trois simples hélices que les liaisons hydrogènes verrouilleraient ensuite. Cela dit, cette recherche d'une compacité maximale ne peut évidemment pas être la seule force à l'œuvre dans la formation d'une hélice biologique, mais son intervention pourrait avoir une certaine valeur dans la mesure où la structure du collagène ne semble pas présenter une grande sensibilité aux détails chimiques des autres acides aminés de la séquence.

5.4.3   Association de triples hélices en fibrilles

Les fibrilles du collagène de type I des tissus conjonctifs, présentent des caractéristiques géométriques remarquables, bien apparentes sur la photographie de la figure 5.19a : longueur de plusieurs μm, diamètre de 100 à 200 nm et striations périodiques distantes de 67 nm. Elles peuvent être aussi reconstruites *in vitro* par précipitation de triples hélices de tropocollagène et l'on a pu alors observer qu'un petit nombre d'entre elles sont susceptibles de se refermer en des anneaux semblables à celui de la figure 5.19b [76]. Ces anneaux présentent, hors la longueur, les mêmes caractéristiques que les fibrilles droites et il est possible de discerner une organisation torsadée dans certains d'entre eux.

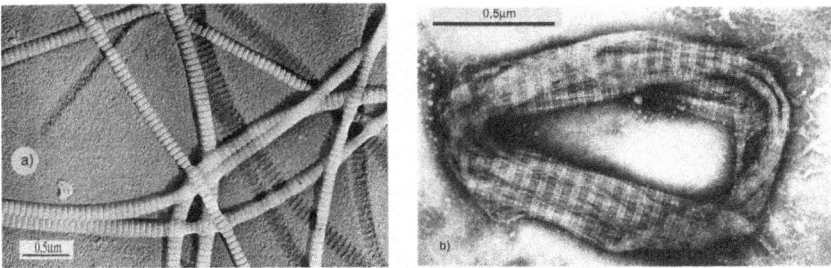

FIG. 5.19 – Photographies de fibrilles droites, d'après C. de Duve [75] (a) et refermée en anneau, d'après A. Cooper [76] (b) obtenues en microscopie électronique.

La structure interne des fibrilles, leur stabilité ont fait l'objet de nombreux travaux sans que l'on ait encore pu en dégager une vision précise compte tenu en particulier des variations dans les conditions de préparation des échantillons étudiés. La structure en triple hélice de la molécule de base, ainsi que la distribution longitudinale du schéma de la figure 5.20 sont maintenant bien établies. Les triples hélices de longueur 300 nm y sont représentées par des flèches rendant compte de la polarité de leur structure chimique, elles forment des files de période 335 nm, distantes de l'ordre du nm et présentant un décalage constant de 67 nm le long de la direction d'alignement [77].

Ce décalage, associé à des interactions spécifiques entre les deux extrémités de triples hélices voisines, fait apparaître deux types de zones transversales alternées suivant que les extrémités de deux triples hélices voisines se recouvrent, zone dite « *overlap* », ou pas, zone dite « *gap* ». Dans l'unité de répétition propre à cette organisation, les zones d'*overlap* sont traversées par cinq triples hélices quand celles de *gap* ne sont traversées que par quatre, cette différence de densité étant responsable des striations observées en microscopie électronique.

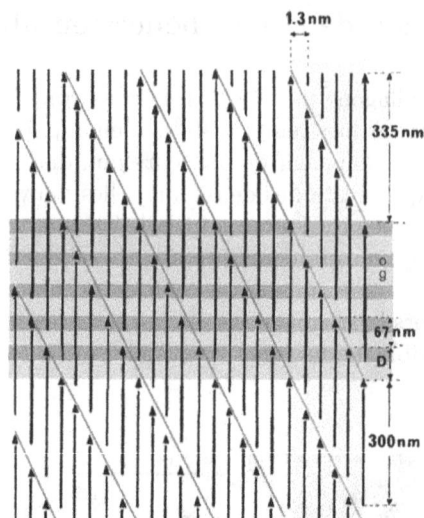

FIG. 5.20 – Schéma présentant l'arrangement des triples hélices dans une fibrilles avec l'unité de répétition de cinq molécules. Les régions « *gap* » (o) et « *overlap* » (g) sont traversée par quatre ou cinq de ces molécules. Ce schéma présente les molécules dans un même plan, mais c'est irréaliste.

À partir de ce schéma et des périodicités qu'il manifeste, plusieurs directions ont été proposées pour décrire l'organisation transversale des triples hélices en fibrilles sans qu'il soit encore possible de trancher entre elles. On peut les regrouper en trois catégories dont les caractéristiques principales sont :

- chaque unité de répétition se referme sur elle-même en un long cylindre, une microfibrille, avec les triples hélices alignées suivant cinq génératrices équidistantes, dans ce modèle représenté sur la figure 5.21a les fibrilles sont alors des faisceaux de microfibrilles parallèles [78] ;

- les fibrilles sont constituées de couches de triples hélices parallèles associées en respectant la périodicité du schéma précédent, une couche centrale semblable à une microfibrille puis des couches n successives de $5n$ lignes de triples hélices comme représenté sur la figure 5.21b [79, 80] ;

- les triples hélices s'associent latéralement suivant un réseau d'assemblage transversal inspiré de la maille cristallographique d'un analogue cristallisé du collagène, le polypeptide $(Pro-Pro-Gly)_{10}$, représentée sur la figure 5.21c d'après [70, 81], une approche qui conduit à introduire des dislocations afin d'assurer la transition entre zones de gap et overlap sous forme de mur de torsion [82].

Les études structurales de tendons par diffusion des rayons X ne permettent de trancher de façon certaine entre ces différentes approches actuellement et

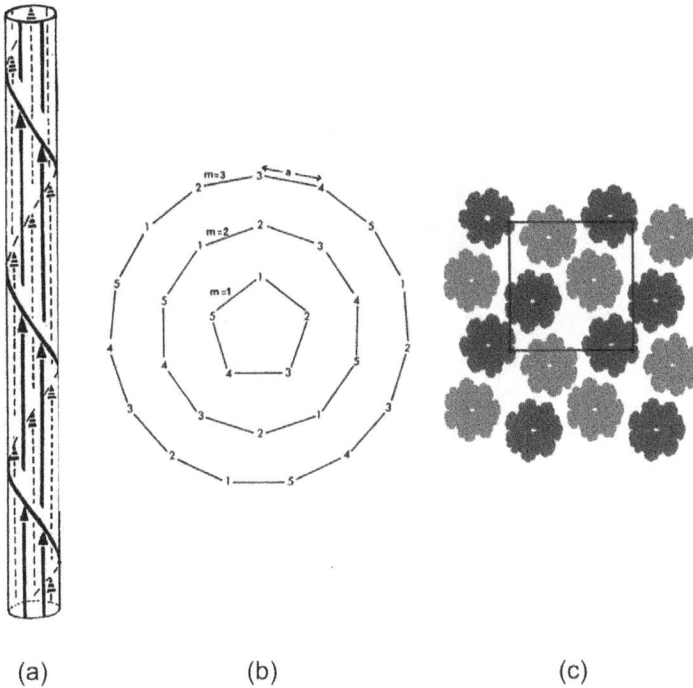

(a)   (b)   (c)

FIG. 5.21 – Modèles groupant par cinq ou multiple de cinq les molécules : microfibrille (a), modèle en couches (b) d'après D.J. Prockop et A. Fertala [80] et réseaux carré-losange dans le polypeptide $(Pro-Pro-Gly)_{10}$ (c) d'après R. Berisio *et al.* [81].

l'on ne peut exclure une forte influence sur la structure des conditions de préparation des échantillons [83]. Si le premier modèle ne considère pas la possibilité d'une torsion dans l'organisation latérale des triples hélices, sa présence est évoquée dans les suivants, soit continûment distribuée soit localisée. Par ailleurs plusieurs observations confirment clairement cette possibilité :

- des solutions de triples hélices présentent des phases cholestériques avec des pas compris entre 0,5 et 2,5 μm [84] ;

- des polypeptides de synthèse sont susceptibles de construire des agrégats toriques sur les photos desquels des configurations en entrelacs $\{1,1\}$ sont nettement discernables [85] ;

- comme évoqué plus haut les photos de certaines fibrilles du collagène refermées en anneaux [76] suggèrent une configuration semblable et l'auteur, qui s'appuie sur le modèle des microfibrilles, montre qu'elle correspondrait au minimum de leur énergie d'extension, mais cela serait aussi valable si on ne considérait que des triples hélices ;

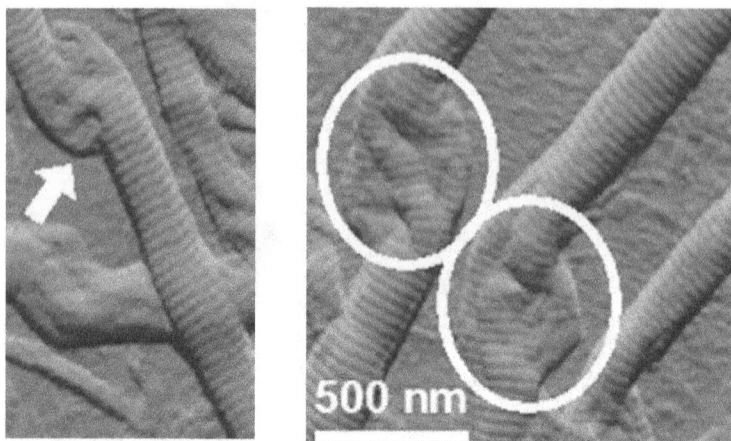

FIG. 5.22 – Photographie en microscopie AFM d'une région de coque (« *birdcaging* ») dans une fibrille de collagène ayant subi une torsion lors de la préparation de l'échantillon. D'après L. Bozec *et al.* [86].

- des fibrilles de collagène observées en microscopie de force atomique et subissant des contraintes mécaniques dans la préparation s'ouvrent localement suivant le phénomène de « birdcaging »[3] déformant une corde torsadée mise sous torsion illustré en figure 5.22 [86].

On dispose donc d'un ensemble d'indices poussant à examiner une intervention de la torsion lors de l'organisation des triples hélices du collagène, comme cela a été fait dans le cas des agrégats toriques d'ADN. En particulier, on a vu qu'elle contribue à déterminer la taille de ces agrégats et on peut s'attendre à ce qu'elle intervienne de façon semblable et limite le diamètre maximal des fibrilles lors de leur croissance, diamètre restant de l'ordre de 100 à 200 nm quelque soit leur forme, droite ou en anneau.

5.4.4   Associations de fibrilles

Les études *in vivo* concernant les tissus biologiques des vertébrés et invertébrés mettent en évidence un polymorphisme structural extrêmement riche et remarquablement adapté à la fonction. Les structures sont l'aboutissement de processus biochimiques et physico-chimiques complexes intervenant tout au long de la chaîne d'élaboration, depuis la sécrétion des molécules utiles par des cellules spécialisées, ostéoblastes ou fibroplastes, jusqu'au matériau final, cette intervention se poursuivant au-delà pour assurer la permanence de ce matériau et de ses fonctions. En général les aspects dominants de la

---

3. Dans le langage des marins utilisateurs de corde torsadée le terme français est « coque ».

structuration apparaissent très tôt, dès que les macromolécules ou leurs fragments sont sécrétés par les cellules, alors qu'ils sont encore dans un état qui
leur permet de s'organiser avec un ordre liquide cristallin qui sera ensuite figé
par polymérisation, réticulation ou minéralisation de la trame organique. Les
études *in vitro* conduites avec des molécules extraites à différents stades de
la formation, le plus souvent des triples hélices, et soumises à des traitements
physico-chimiques appropriés, dans les détails desquels nous n'entrerons pas,
mettent en évidence les mêmes types d'arrangements que ceux observés dans
les matériaux vivants [87]. Elles apportent donc des informations utiles pour
distinguer les rôles respectifs des termes physico-chimiques, topologiques et
cellulaires dans la morphogenèse des matériaux vivants. Elles suggèrent fortement que les assemblages de triples hélices sécrétées dans le milieu extracel-
lulaire en microfibrilles et fibrilles puis des fibrilles en diverses structures sont
dominés par les caractéristiques physico-chimiques de ce milieu. Les grandes
lignes des résultats de ces études peuvent être mises en relation avec les principaux points que nous avons développés.

« Contreplaqués » cholestériques

La figure 5.23 représente l'organisation du matériau minéralisé dans un
os long compact, on y distingue des systèmes de Havers (HS), lamelles cylin-
driques emboîtées contenant les canaux de Havers (HC), encadrés par deux
systèmes de lamelles interne (IL) et externe (OL) [88].

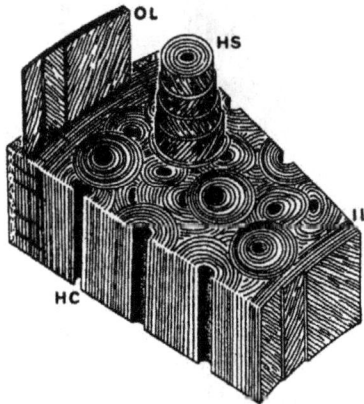

FIG. 5.23 – Fragment d'un os long contenu entre deux sections normales à l'axe
de l'os et deux sections radiales. Les tracés sur les lamelles suggèrent l'organisation
cholestérique de leurs molécules. D'après M.-M. Giraud-Guille [88].

Des échantillons préparés pour des études locales en microscopie électronique par transmission, après les avoir déminéralisés afin de ne conserver que
le collagène, montrent que les fibrilles sont organisées en torsion simple quasi

continue avec des pas de 10 à 20 μm et du désordre local. Suivant le système considéré, cette configuration cholestérique reste plane ou adopte une super-structure cylindrique. Les conditions créées par les cellules des canaux haver-siens et des milieux extérieurs à l'os interviennent certainement pour combiner ces configurations de façon à assurer les propriétés mécaniques de l'os, mais l'agrégation des molécules sécrétées en une structure liquide cristalline devrait résulter d'un processus d'autoassemblage relevant de la physico-chimique. Ce que renforce une observation de la formation d'organisations cholestériques par des fibrilles de collagène reconstituées *in vitro* à partir de molécules de collagène extraites de tendon d'une queue de rat. Outre son intérêt fondamen-tal, ce type d'études s'inscrit dans le cadre de travaux visant à développer des matériaux artificiels pouvant être substitués à des tissus biologiques.

Noyaux de double torsion

Les agrégats présents dans des gels de solutions de triples hélices extraites de peau de veau qui s'assemblent en fibrilles peuvent contenir des structures torsadées avec des pas de quelques μm semblables à celle présentée sur la figure 5.24 [89].

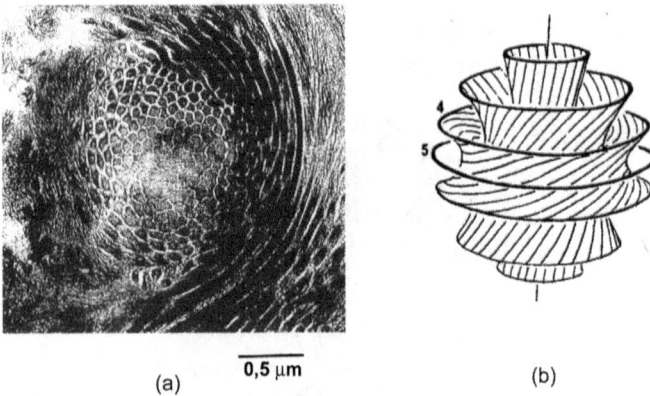

(a)   0,5 μm   (b)

FIG. 5.24 – Photographie en microscopie électronique d'un précipité de fibrilles striées de collagène extrait de peau de veau, les fibrilles sont vues en section droite au centre du noyau puis de plus en plus oblique vers sa périphérie révélant ainsi l'existence d'une double torsion dans un domaine d'extension limitée (a) et dessin de cette dernière (b). D'après Y. Bouligand *et al.* [89].

La topologie de l'organisation des fibrilles dans ces structures rappelle de façon étonnante celle des fibres de Hopf entre deux axes C_∞ de S_3. Des images semblables ont été observées dans des matrices biologiques, mais ici, le processus se développant en absence de cellules, il s'agit bien d'un processus d'autoassemblage spontané. Les fibrilles se forment en solution à partir de la molécule de départ en plusieurs étapes puis s'agrègent en noyaux de double torsion.

Anneaux torsadés

Cette forme de précipitation *in vitro* de triple hélices extraites de peau de veau, rappelant les agrégats toriques d'ADN a été décrite dans la section précédente. Les préparations contiennent des anneaux de fibrilles torsadées, dispersés parmi de nombreuses fibrilles isolées [76]. Ce type d'agrégation ne semble pas avoir été observé *in vivo*.

Réseaux cuticulaires

La surface de la plupart des animaux invertébrés est revêtue d'une cuticule faite de fibrilles de collagène assemblées à partir des sécrétions épidermiques et organisées en réseaux remarquablement ordonnés. Ces cuticules ont été particulièrement étudiées dans le cas des vers marins pour lesquels elles doivent assurer à la fois le maintien de l'organisme, sa protection et les transferts nécessaires avec l'environnement. La figure 5.25 présente un de ces réseaux cuticulaires [68].

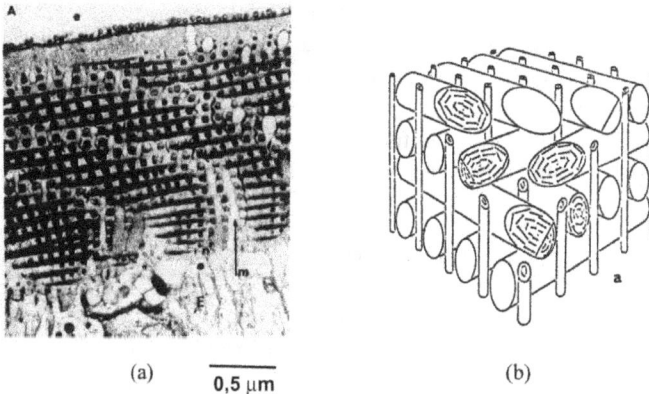

(a)   0,5 µm   (b)

FIG. 5.25 – Photographie en microscopie électronique d'une coupe effectuée dans la cuticule de l'annélide *Paralvinella grasslei* (a), les fibrilles sont empilées en couches orthogonales qui sont traversées par les microvillosités issues des cellules de l'épiderme, et schéma de l'organisation dans lequel les orientations des microfibrilles sont représentées conventionnellement par des clous de longueur variable (b). D'après F. Gaill [68].

Les molécules sont organisées en double torsion et des images obtenues à plus haute résolution confirment la concordance des orientations des molécules de deux fibrilles adjacentes en leur point de contact. Le schéma de la figure rappelle un des modèles de cylindre de double torsion proposé au

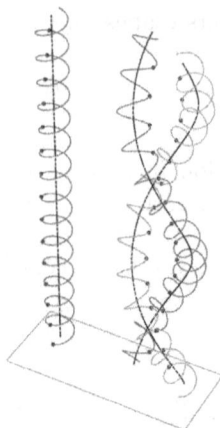

FIG. 5.26 – Hélice primaire de chiralité droite, à gauche. Superenroulement, de chiralité gauche, de deux hélices primaires, à droite. Les acides aminés hydrophobes sont représentés par des boules noires. D'après Neukirch *et al.* [90].

début des études sur les phases bleues dans lequel les cylindres alignés suivant deux directions orthogonales y seraient remplacés par les fibrilles et ceux alignés suivant la troisième direction par les microvillosités des cellules. On peut imaginer que les molécules sécrétées par les cellules s'organisent entre les microvillosités en noyaux de double torsion orientés par ces dernières et que le développement nécessairement anisotrope de ces derniers les relie de façon différente pour construire une couche ou l'empilement de couches.

5.5 Protéines fibreuses

L'organisation du collagène est un cas particulier de la vaste question du repliement des protéines fibreuses. Contrairement au problème général du repliement d'une chaîne d'acides aminés qui est encore mal compris, la conformation repliée des protéines fibreuses qui charpentent notre corps peut être expliquée à partir de considérations géométriques et mécaniques. C'est le cas par exemple de la structure hiérarchique de la kératine que l'on peut prédire, en alliant géométrie et élasticité. Cette molécule s'organise en hélice α droite, une conformation stabilisée par l'établissement de liaisons hydrogènes entre un oxygène d'un acide aminé n et un hydrogène de l'acide aminé $n + 4$ situé presque un tour au-dessus dans l'hélice. Cette hélice est très semblable à l'hélice de type $\{1\}$ présentée sur la figure 5.17b, mais avec une bande de quatre triangles de large au lieu de trois [71]. Une étude récente associant géométrie et mécanique [90, 91] a montré que la présence d'acides aminés hydrophobes peut conduire deux hélices α à s'enrouler l'une autour de l'autre de façon à protéger les acides aminés hydrophobes du contact avec l'eau environnante comme représenté sur la figure 5.26. La structure ainsi créée s'appelle un « superen-roulement », baptisé « *coiled-coil* » par Francis Crick. Il a été montré dans ces travaux que la chiralité d'un superenroulement d'hélices α est donnée par la chiralité de la bande formée par les acides aminés hydrophobes sur l'hélice α. Dans le cas d'un motif périodique de sept acides aminés le long de la molécule, comme dans la kératine, cette bande hydrophobe est de chiralité gauche et le superenroulement d'un dimère l'est aussi. Par contre, dans le cas d'un motif à onze acides aminés, la bande hydrophobe est de chiralité droite et les su-perenroulements issus de ces motifs sont aussi de chiralité droite. Ces travaux ont une grande généralité s'appliquant à la kératine mais aussi à beaucoup d'autres protéines fibreuses incluant le collagène.

Chapitre 6

Commentaire final

« Il est une connaissance éternellement précieuse..., celle qui considère que les choses ont des formes simples et des différences limitées, mais que toute la variété naît des nuances et des accords » Francis Bacon (*On the advancement of learning*).

Les organisations qui viennent d'être décrites relèvent toutes du domaine de la « matière molle », y compris celles d'origine biologique. Ce terme de « matière molle » est trompeur, il peut porter à croire que les potentiels d'interactions entre molécules sont toujours « mous » de l'ordre de kT, suffisamment larges pour que le désordre associé puisse soustraire les arrangements de molécules à la rigueur d'un ordre géométrique. Cependant, la « mollesse » est un comportement rhéologique et des potentiels anisotropes, « durs » suivant certaines directions de symétrie et « mous » suivant d'autres, peuvent très bien obéir aux contraintes de la géométrie suivant les premières tout en autorisant des déplacements relatifs plus ou moins désordonnés des molécules suivant les secondes. L'application de la géométrie au domaine de la matière molle présentée dans cet ouvrage est en fait directement inspirée par les nombreux travaux concernant les rapports de l'ordre et du désordre dans la matière condensée et le rôle des écarts à l'ordre parfait dans les propriétés des matériaux dits « durs ».

Ces travaux ont d'abord consisté en la recherche de modèles géométriques parfaitement ordonnés qui ont ensuite fourni le cadre nécessaire à l'introduction des imperfections. L'analyse de la plupart des cristaux avait pu être faite dans le cadre des groupes de symétrie ponctuels de l'espace euclidien tridimensionnel, elle a fourni le cadre nécessaire à la comparaison des énergies libres des diverses structures afin de déterminer leurs stabilités relatives. Cependant, il est apparu assez vite que les modèles parfaits d'un certain nombre d'autres systèmes de la matière condensée ne peuvent être construits dans l'espace euclidien. Ce fut en particulier le cas des cristaux d'alliages métalliques à grandes mailles de paramètres très supérieurs aux dimensions atomiques ou moléculaires et des amorphes présentant souvent localement des symétries d'ordre 5 inattendues dans l'espace euclidien[1]. Leurs modèles parfaits ne peuvent être construits que dans des espaces admettant cette symétrie, quitte à devoir ensuite les projeter dans l'espace euclidien tridimensionnel. L'espace non euclidien de l'hypersphère fut ainsi amené à jouer un rôle prédominant, car il est possible d'y placer soit le polytope $\{3, 3, 5\}$ qui permet d'assurer l'environnement icosaédrique compact, soit le polytope dual $\{5, 3, 3\}$ avec une architecture dodécaédrique donc des sommets de coordinence quatre comme requis dans ces systèmes. Les disinclinaisons projetant l'espace non euclidien dans l'espace euclidien s'organisent alors en réseaux ordonnés dans le cas des cristaux à grande maille, dont les paramètres sont reliés aux distances entre disinclinaisons et non pas aux distances entre atomes ou molécules, ou désordonnés dans le cas des amorphes. Les symétries globales des polytopes n'apparaissent plus alors après projection que dans des régions restreintes entre disinclinaisons. Cette démarche a permis l'analyse des divers modes d'organisation à longue distance lorsque la topologie de l'ordre à courte distance est incompatible avec celle de l'espace euclidien.

L'extension de cette démarche aux systèmes « mous » décrits dans cet ouvrage fut motivée par le fait que des assemblages de molécules très différentes du point de vue chimique, amphiphiles ou chirales, partagent de nombreux caractères morphologiques communs, en particulier des topologies semblables quelles que soient les tailles caractéristiques. On pouvait donc penser peu probable que les règles d'assemblage dépendent de l'exercice de forces physiques ou biologiques spécifiques. Ceci conduisit à développer une approche plus globale analysant les règles géométriques « universelles » qui contraignent les assemblages de molécules aux symétries particulières, dipolaire favorisant la formation de films symétriques en solution ou chirale favorisant une torsion dans un milieu dense. Il apparut alors, comme pour les systèmes « durs » cités plus haut, que la topologie de l'ordre local recherché par ces molécules ne peut être respectée en tous points que dans le même espace courbé d'une hypersphère, quels que soient les systèmes considérés ce qui a justifié leur traitement conjoint.

Les transferts dans l'espace euclidien des modèles parfaits construits dans cet espace rendent correctement compte des objets observés, aussi bien in vitro qu'*in vivo*, et donnent une idée assez précise des inévitables écarts à l'ordre parfait, les distorsions décrites dans le texte. On a vu que ces distorsions pouvaient soit s'organiser dans des cristaux de défauts, soit limiter la croissance des agrégats. Cela devrait permettre d'évaluer leur coût en énergie et d'examiner leur contribution à la stabilité thermodynamique des objets.

Cet examen prend une importance particulière dans le cas des structures hiérarchiques des matériaux biologiques évoquées lors de la description

---

1. Les quasi-cristaux sont un exemple apparenté mais leur description utilise des espaces euclidiens de grandes dimensions, même si leur ordre local peut-être décrit à partir de S_3.

des organisation du collagène dans quelques tissus. Dans ces structures, un système est organisé en plusieurs niveaux d'échelles spatiales croissantes, chacun étant caractérisé par un ordre propre, et il semble bien que les distorsions apparaissant au cours du développement d'un niveau en limitent la croissance et déterminent le passage au suivant. Plus généralement, la mise en parallèle d'objets observés *in vitro* et *in vivo* doit permettre de distinguer les contributions de la machinerie cellulaire de celles relevant de la physico-chimie, topologie incluse, dans l'élaboration des matériaux vivants. La frustration des systèmes que nous avons décrits offre une diversité de solutions possibles qui permet certainement une grande adaptabilité des systèmes biologiques. Dans cette optique, l'évolution retiendrait les mécanismes cellulaires producteurs de molécules dont les associations régies par des lois de la physico-chimie s'exerçant dans un cadre topologique contraignant seraient les plus favorables au fonctionement de l'organisme dans un environnement donné.

Appendice A

L'hypersphère et les quaternions

Nombres, espaces et symétries entretiennent des relations étroites que la distinction scolaire entre arithmétique, géométrie et cristallographie n'aide pas à percevoir. Cependant la position d'un point sur une droite, un espace à une dimension, est repérée par un nombre réel dont l'ensemble définit les translations sur cette droite. La position d'un point dans un plan est repérée par un nombre complexe, l'ensemble des nombres complexes de module un définit les rotations dans ce plan. Les quaternions peuvent s'extrapoler des nombres complexes pour entrer dans une géométrie à quatre dimensions dont la grande richesse des propriétés peut être explorée alors par la manipulation de ces nombres. Le recours aux nombres complexes pour décrire un plan permet d'introduire simplement le formalisme propre aux quaternions.

A.1   Nombres complexes

A.1.1   Des nombres complexes aux rotations dans le plan

Il est possible de définir les nombres complexes comme des paires de nombres réels qui peuvent être vus comme des coordonnées du plan. Afin de conserver un ensemble de règles de calculs voisines de celles utilisées avec les nombres réels, on pose les relations suivantes :

$$(x_1, x_2) + (x_1', x_2') = (x_1 + x_1', x_2 + x_2'),$$

$$(x_1, x_2)(x_1', x_2') = (x_1 x_1' - x_2 x_2', x_1 x_2' + x_2 x_1').$$

Un nombre réel est simplement $(x_1, 0)$ et un nombre imaginaire pur s'écrit $(0, x_2)$. Le produit de deux nombres imaginaires purs $(0, x_2)$ et $(0, x_2')$ est alors un nombre réel $-x_2 x_2'$. Une autre écriture plus habituelle consiste à écrire un nombre imaginaire pur sous la forme $(0, x_2) = \mathbf{i} x_2$ où $\mathbf{i}$ est un imaginaire pur de norme unité tel que $\mathbf{i}^2 = -1$. Il est alors possible d'écrire un nombre complexe $z = (x_1, x_2)$ sous la forme $z = x_1 + \mathbf{i} x_2$ et de calculer avec de tels nombres comme avec des nombres réels en tenant compte en plus de la relation $\mathbf{i}^2 = -1$. Le nombre z est alors une représentation d'un point du plan complexe, ou d'un vecteur entre l'origine et ce point. la définition du carré du module de ce vecteur $x_1^2 + x_2^2$ prend la forme $z\bar{z}$, où $\bar{z} = x_1 - \mathbf{i}x_2$ est le complexe conjugé de z. L'ensemble des complexes forme un corps $\mathbf{C}$.

Parmi tous les nombres complexes, ceux de norme unité ont un rôle particulier, car il décrivent le cercle de rayon unité, mais aussi les rotations du plan. Il est usuel de les écrire sous la forme exponentielle $u = e^{\mathbf{i}\alpha}$. En séparant dans le dévelopement en série de Taylor de $e^{\mathbf{i}\alpha}$ la partie réelle (les termes d'ordre pair) et la partie imaginaire (les termes d'ordre impair), il apparaît que $e^{\mathbf{i}\alpha} = \cos\alpha + \mathbf{i}\sin\alpha$. Alors un nombre complexe quelconque s'écrit $z = \rho e^{\mathbf{i}\theta}$ en fonction des deux coordonnées polaires ρ et θ d'un point P. Le produit $uz = \rho e^{\mathbf{i}(\alpha+\theta)}$ représente un nouveau point P' image de P tourné autour de l'origine de l'angle α. De même que les rotations commutent dans le plan, les produits de nombres complexes commutent aussi.

Des opérations vectorielles comme les produits scalaire ou vectoriel de deux vecteurs définis par les nombres $z = x_1 + \mathbf{i}x_2$ et $z' = x_1' + \mathbf{i}x_2'$ de même origine ont une forme simple associée au produit $z\bar{z}'$: la partie réelle est le produit scalaire, la partie imaginaire l'aire orientée du parallélogramme construit sur les deux vecteurs, leur produit vectoriel ayant ce module mesuré selon un axe normal au plan. Deux vecteurs colinéaires ont donc un produit $z\bar{z}'$ réel.

A.1.2   Projection stéréographique d'un cercle sur une droite

La notation complexe conduit à une formulation aisée de la projection stéréographique. Un exemple simple présenté ici sur la figure A.1 prépare à l'usage des quaternions dans le même but. Soit dans le plan complexe un cercle de rayon unité de centre O, avec un point P courant. Sur le cercle on place un pôle N et l'on projette P en P' sur une droite tangente au cercle en un point S opposé au pôle de projection. Un point du cercle est repéré par le nombre complexe p (vecteur $\vec{OP}$), ou par z (vecteur $\vec{NP}$) l'origine étant alors en N décalé de p (vecteur $\vec{ON}$) par rapport à O. L'image P' de ce point est alors repérée par le nombre z' avec une origine en N.

Par une inversion du cercle avec une puissance d'inversion de 4 comme vu dans le chapitre 4, le cercle est projeté sur la droite tangente au cercle. On oriente les axes des référentiels afin que la droite tangente sur laquelle on projette, soit parallèle à l'axe des imaginaires. Alors le pôle N est tel que $n = -1$ et $z = p+1$. La projection stéréographique qui est une inversion définie par le produit scalaire $\vec{NP}.\vec{NP'} = 4$ consiste donc à construire le nombre z' d'origine N, tel que $z.\bar{z}' = 4$, soit $z' = \frac{4\bar{z}}{\|z\|^2}$. La projection stéréographique sur la droite est alors obtenue en prenant comme coordonnées sur cette droite la partie imaginaire de z'.

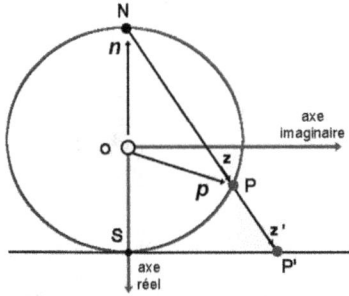

FIG. A.1 – Projection stéréographique d'un point P d'un cercle de rayon unité de centre O, depuis le pôle de projection N en un point P' de la droite tangente au cercle au point S opposé au pôle N. Les quantités n, p, z, z' peuvent être vues comme des vecteurs ou des nombres complexes.

A.2   Quaternions

Afin d'obtenir l'équivalent des nombres complexes dans l'espace à trois dimensions, Hamilton [92] tenta pendant des années de généraliser à des triplets ce qui était bien compris pour des paires de nombres réels. Hélas, il n'est pas possible de poursuivre la démarche pour construire des triplets, des paires menant à des quadruplets. Mais il réalisa alors qu'au prix de la perte de la commutativité de la loi de multiplication [93], une généralisation devient possible en fabriquant des paires de nombres complexes c'est-à-dire des quadruplets de nombres réels. On a montré ensuite que la série conceptuelle, paire de réels, paire de complexes se prolonge aussi par la paire de quaternions : les octonions qui jouent un rôle en physique théorique mais ne nous concernent pas ici.

A.2.1   Relations de Hamilton

Comme dans le cas des complexes qui s'écrivent avec l'imaginaire pur $\mathbf{i}$, les quaternions s'écrivent avec trois imaginaires unités : $\mathbf{i}, \mathbf{j}, \mathbf{k}$ sous la forme :

$$q = q_1 + q_2\mathbf{i} + q_3\mathbf{j} + q_4\mathbf{k}, \qquad q_1, q_2, q_3, q_4 \in \mathbf{R}$$

$$\text{avec} \quad \mathbf{i}^2 = \mathbf{j}^2 = \mathbf{k}^2 = \mathbf{ijk} = -1.$$

Ces relations de Hamilton définissent les lois de multiplication qui sont non commutatives. Elles ont rendu célèbre le pont de la figure A.2. Les quaternions forment un corps noté $\mathbf{H}$ en l'honneur de Hamilton. Ils peuvent être écrits comme des paires de nombres complexes $\{s, t\} = s + t\mathbf{j}$, avec $s = q_1 + q_2\mathbf{i}$ et $t = q_3 + q_4\mathbf{i}$. Remarquons que $\mathbf{j}$ est à droite de t, écrire $\mathbf{j}$ à gauche donnerait un autre quaternion différent de $q = q_1 + q_2\mathbf{i} + q_3\mathbf{j} + q_4\mathbf{k}$, il faut donc être attentif à la non commutation des produits.

FIG. A.2 – Aussitôt après « un éclair de génie », Hamilton grava les relations de définition des quaternions au couteau dans une pile du pont le plus proche, Broom Bridge. Depuis 1989, la National University d'Irlande organise un pélerinage depuis l'observatoire de Dunsink où Hamilton travaillait jusqu'à ce pont où, malheureusement, aucune trace de la formule gravée en 1843 ne demeure, par contre une plaque commémore le geste de Hamilton.

Les règles suivantes s'appliquent pour l'addition et la multiplication :

$$(s, t) + (u, v) = (s + u, t + v),$$

$$(s, t)(u, v) = (su - t\bar{v}, sv + t\bar{u})$$

ici $s, u, v, t \in \mathbf{C}$ et $\bar{u}$ est le conjugué complexe de u. Le quaternion conjugué est défini par

$$\bar{q} = q_1 - q_2\mathbf{i} - q_3\mathbf{j} - q_4\mathbf{k}$$

et la norme N_q prend alors la forme

$$N_q^2 = q\bar{q} = \sum_{i=0}^{3} q_i^2 \geq 0.$$

Un quaternion q peut s'écrire aussi comme une partie scalaire $S(q)$ plus une partie imaginaire, la partie vectorielle $\mathbf{V}(q)$. Cette écriture comble un peu l'attente d'Hamilton : la partie vectorielle qui est un triplet permet de décrire l'espace à trois dimensions. Le quaternion q est alors :

$$q = S(q) + \mathbf{V}(q), \quad S(q) = q_1, \quad \mathbf{V}(q) = q_2\mathbf{i} + q_3\mathbf{j} + q_4\mathbf{k},$$

avec les relations

$$S(q) = \frac{1}{2}(q + \bar{q}), \quad \mathbf{V}(q) = \frac{1}{2}(q - \bar{q}).$$

Un quaternion est réel si $\mathbf{V}_q = 0$ et imaginaire pur si $S_q = 0$. On peut aussi écrire $V_{\mathbf{i}}(q)$ comme une composante de $\mathbf{V}(q)$ le long d'une direction $\vec{\mathbf{i}}$, associée au quaternion $\mathbf{i}$ de l'espace imaginaire pur. Cela correspond à une d'expression du produit scalaire semblable à celle indiquée pour les nombres complexes.

A.2.2   L'hypersphère et les quaternions

Quelques groupes continus agissant sur l'hypersphère

Soit Q l'ensemble des quaternions de norme unité. C'est un groupe non commutatif apparenté au groupe de symétrie de S_3[1]. Nous avons vu qu'un nombre complexe unité écrit sous forme exponentielle est un bon outil pour représenter les rotations du plan c'est-à-dire le groupe de symétrie du cercle. Il y a un équivalent pour les quaternions unitaires qui s'écrivent sous forme trigonométrique ou exponentielle

$$u = \cos \alpha + \mathbf{y} \sin \alpha, \qquad \text{ou}$$

$$u = e^{\alpha \mathbf{y}}$$

où $\mathbf{y}$ est un quaternion unité imaginaire pur, en gardant en mémoire que la multiplication des quaternions est non commutative donc :

$$e^{\alpha \mathbf{y}} e^{\beta \mathbf{z}} = e^{(\alpha \mathbf{y} + \beta \mathbf{z})}$$

seulement si $\mathbf{y} = \mathbf{z}$ comme il est possible de le vérifier en développant le produit sous forme trigonométrique.

L'important est que tout élément de Q correspond à un point de l'hypersphère S_3 et réciproquement[2]. L'espace S_3 est un « groupe topologique », ainsi chaque point de cet espace représente un élément du groupe. Comme Q est un groupe, il peut caractériser les déplacements sur S_3. Donc tout cela est bien semblable à la relation entre le groupe des nombres complexes de module un et le cercle de rayon un dans le plan. Mais avec les quaternions apparaît la difficulté propre à la nature non abelienne de Q, la non commutativité des quaternions étant associée au fait bien connu qu'à trois dimensions le groupe ponctuel des rotations est non commutatif.

Déplacement sur l'hypersphère

Nous considérons maintenant les quaternions à la fois comme des points et comme des éléments du groupe de symétrie représentant les déplacements

---

1. Ce groupe est isomorphe à $SU(2)$ le groupe des matrices unitaires à deux dimensions avec des coefficients complexes (voir aussi les matrices de Pauli). Il est aussi relié au groupe $SO(4)$ très important ici, car décrivant tous les déplacements (rotations au sens large) laissant S_3 invariant.

2. Les quatre nombres réels (q_1, q_2, q_3, q_4) définissant le quaternion q sont les coordonnées d'un point de S_3 plongée dans R_4.

sur l'hypersphère S_3. À cause de la non commutativité, nous devons distinguer les quaternions agissant à gauche (l) de ceux agissant à droite (r). Par convention nous écrivons le quaternion q pour représenter un point de S_3 et les quaternions unités l, r pour les déplacements. La transformation $q.r$ est une isométrie directe, appelée déplacement vis à droite (« *right screw* »). Si r prend une forme exponentielle $r = e^{\beta \mathbf{y}}$, où $\mathbf{y}$ est un quaternion unité imaginaire pur et β un angle, et si β varie continuement de 0 à 2π, l'orbite du point transformé de q est un grand cercle de S_3. Les déplacements vis à gauche (« *left screw* ») $l.q$ ont des propriétés semblables.

La relation avec les fibrations de Hopf est immédiate : tous les grands cercles trajectoires de points sous l'action d'un même quaternion à droite (ou à gauche) sont dans la même fibration. Simplement, la fibration correspondant à l'action à droite sera de chiralité opposée à celle correspondant à l'action à gauche.

La qualification de déplacement vis peut apparaître comme mystérieuse, les trajectoires étant des grands cercles et non des vis. On parle de déplacement vis dans S_3 lorsque cela correspond à une double rotation autour de deux grands cercles complètement orthogonaux avec des angles de rotation quelconques dans un cas général[3]. Une fibre de Hopf, un grand cercle, faisant un tour autour d'un des axe du tore sur lequel il est tracé et un tour autour de l'autre axe, la transformation qui nous concerne peut être décrite comme une double rotation du même angle autour de deux grands cercles complètement orthogonaux. C'est donc de ce point de vue un cas particulier de la double rotation.

La figure A.3a représentant des tores de S_3 caractérisés par les coordonnées angulaires (ϕ, θ, ω) permet de suivre la trajectoire d'un point $q = \{\cos\theta\sin\phi, \sin\theta\sin\phi, \cos\omega\cos\phi, \sin\omega\cos\phi\}$ exprimé en coordonnées toriques, sous l'action de déplacements. En restant sur un tore donné, donc à ϕ constant, nous supposons que θ varie continument alors que ω reste fixe : on tourne donc autour d'un axe du tore, alors que si ω varie, θ restant fixe, on tourne autour de l'autre axe. Lors d'une double rotation autour des deux axes du tore θ et ω varient conjointement ce qui fait décrire un grand cercle sur le tore : c'est le déplacement vis. L'opération vis à gauche $l.q$ correspond à une trajectoire suivant une des directions diagonales sur le tore déplié en rectangle, une droite $\omega = \theta$ sur la figure A.3b ; l'opération vis à droite correspond à l'autre direction de diagonale (une droite $\omega = -\theta$). Réciproquement une rotation d'angle α peut être considérée comme la combinaison de deux déplacements vis, elle peut toujours prendre la forme $l.q.r$ en écrivant les parties scalaires des quaternions l et r comme $S(l) = S(r) = \cos(\alpha/2)$, leurs parties vectorielles définissant le plan invariant.

---

3. Dans R_3 un déplacement vis est l'association d'une rotation autour d'un axe et d'une translation parallèle à cet axe. Mais cette translation peut être vue comme une rotation autour d'un axe à l'infini dans R_3. S_3 étant un espace fini, il ne peut y avoir d'axe à l'infini, donc de translation.

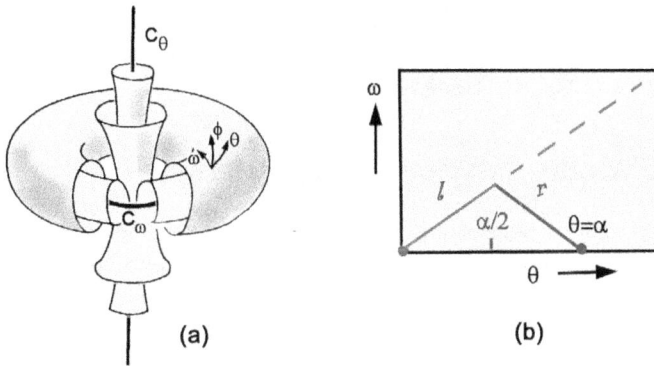

Fɪɢ. A.3 – Projection stéréographique des tores de S_3 (a) et représentation d'un tore en un rectangle (b). Une variation continue de θ définit une rotation autour de l'axe C_θ. Une variation continue de ω définit une rotation autour de l'axe C_ω. Une variation de θ et ω reliés par $\omega = \theta + \theta_0$, fait parcourir un grand cercle sur le tore c'est-à-dire une diagonale (en tirets) du tore déplié tracée avec $\theta_0 = 0$. Soit $r = l = e^{i\alpha/2}$. L'opérateur l, à gauche, correspond à une variation de θ et ω de 0 à $\alpha/2$ donc suivant la première diagonale, puis l'opérateur r, à droite, correspond à une variation de θ de 0 à $\alpha/2$ et de ω de 0 à $-\alpha/2$ donc parallèle à l'autre diagonale. En associant les deux, dans lqr il résulte juste une variation de θ de 0 à α, donc une rotation d'angle α.

Un exemple moins général, présenté sur la figure A.3 avec le choix de deux opérateurs $r = l = e^{i\alpha/2}$, permet de comprendre le mécanisme de ce type de transformation. Lors de l'opération $q.r$ les angles θ et ω caractérisant les coordonnées toriques, varient ensemble d'un angle $+\alpha/2$ pour θ et $-\alpha/2$ pour ω, alors que $l.q$ fait varier θ et ω de $+\alpha/2$. Donc dans l'opération $l.q.r$ les deux variations de ω se compensent et il ne reste plus qu'une variation de α pour θ c'est-à-dire une simple rotation d'angle α.

La présence ou non de points invariants lors d'un déplacement est une propriété qui distingue les déplacements vis des rotations de S_3. Rechercher un grand cercle de S_3 invariant dans l'opération $l.q.r$, est un bon argument pour confirmer que cette opération est bien une rotation autour de ce cercle comme axe. Montrons que c'est le cas du grand cercle défini par le quaternion $c = (0, 0, \cos\beta, \sin\beta)$ ou β est un paramètre variable. Avec les relations d'Hamilton on peut écrire $c = e^{i\beta}\mathbf{j}$. Il est alors possible de commuter l'exponentielle de cette expression avec l, donc $l.c.r = e^{i\beta}.e^{i\alpha/2}.\mathbf{j}.e^{i\alpha/2}$. À nouveau avec les règles d'Hamilton $\mathbf{j}.e^{i\alpha/2} = e^{-i\alpha/2}.\mathbf{j}$ ce qui prouve que $l.c.r = c$. Cette méthode de calcul utilisant les relations d'Hamilton de façon à faire apparaître dans des produits de quaternions des termes qui commutent est applicable à des cas plus généraux.

La forme la plus générale, d'un élément de symétrie continue de S_3, est représenté par $l.q.r$ avec $S(l) \neq S(r)$. Dans ce cas les trajectoires de points sont de véritables hélices tracées sur des tores de S_3, c'est une double rotation.

A.3   Calculer avec des quaternions

Les quaternions permettent de traiter efficacement les opérations géométriques à quatre dimensions. Pour cela la méthode la plus simple est de représenter un quaternions q, le quadruplet (q_1, q_2, q_3, q_4), par la matrice

$$\begin{pmatrix} q_1 & -q_2 & -q_3 & -q_4 \\ q_2 & q_1 & -q_4 & q_3 \\ q_3 & q_4 & q_1 & -q_2 \\ q_4 & -q_3 & q_2 & q_1 \end{pmatrix}.$$

Le choix des signes des coefficients de cette matrice assure le respect des règles de Hamilton. Les produits de quaternions sont alors simplement des produits entre matrices de ce type, à gauche où à droite comme pour les quaternions qu'elles représentent. Il reste juste à prendre la première colonne de la matrice résultat pour obtenir le produit désiré sous forme d'un quadruplet de coordonnées. Le choix des signes de la première ligne montre que la conjugaison correspond à la transposition de la matrice et que l'inverse d'un quaternion est associé à la matrice inverse.

Même à trois dimensions les quaternions sont très efficaces pour effectuer des rotations. Il suffit d'imposer que l'objet, caractérisé par un quaternion q, garde une partie scalaire nulle lors de la transformation. En particulier les quaternions sont beaucoup plus pratique pour combiner des rotations que les manipulations d'angles d'Euler. Les calculs de mécanique céleste sont souvent fait sur ce principe, mais aussi les mouvements dans les logiciels de jeux informatiques [94].

Nous présentons dans ce qui suit leur mise en œuvre pour calculer les projections stéréographiques de tores de S_3 dont l'orientation varie par rapport au système de projection, projections décrites dans les chapitres 3 et 4.

A.4   Quaternions et projection stéréographique

A.4.1   Projection de S_3 depuis un pôle dans R_3

Nous projetons un point P d'une hypersphère S_3 de rayon unité depuis un autre point N, pôle de projection, sur l'espace tridimensionnel euclidien tangent à l'hypersphère au point S opposé à ce pôle, comme schématisé sur la figure A.4. Dans ces conditions, on a vu dans le chapitre 3 que le produit $\vec{OP}.\vec{OP'} = 4$. Le quaternion n du pôle et ceux du point P, p (OP)

et $z = p - n$ (NP), sont écrits dans un système d'axes réel et imaginaires. La projection consiste à retenir la partie imaginaire du quaternion z' tel que $z.\bar{z}' = 4$, comme l'on a retenu celle du nombre complexe pour la projection du cercle tracé dans le plan complexe[4]. Les étapes du calcul s'enchaînent simplement lorsqu'on recherche la projection d'un tore de l'hypersphère dont un axe est confondu avec l'axe NS du système de projection, comme schématisé dans la figure A.4a ce qui conduit à un tore projeté ayant toujours un axe de symétrie. On le développe simplement avec les quaternions $n = (-1, 0, 0, 0)$ et $p = \{\cos\theta\sin\phi, \sin\theta\sin\phi, \cos\omega\cos\phi, \sin\omega\cos\phi\}$. Alors on déduit $z' = \frac{4\bar{z}}{\|z\|^2}$. La projection stéréographique sur l'espace tangent est alors obtenue en prenant comme coordonnées dans cet espace tridimensionel, les trois composantes de la partie imaginaire de z'. En effet on a choisi le pôle tel que l'espace tangent soit parallèle à l'espace imaginaire. Pour obtenir par projection un tore dissymétrique, il faut que l'axe du tore et l'axe de projection ne soient pas confondus pour incliner le tore par rapport au système de projection, comme schématisé dans la figure A.4b.

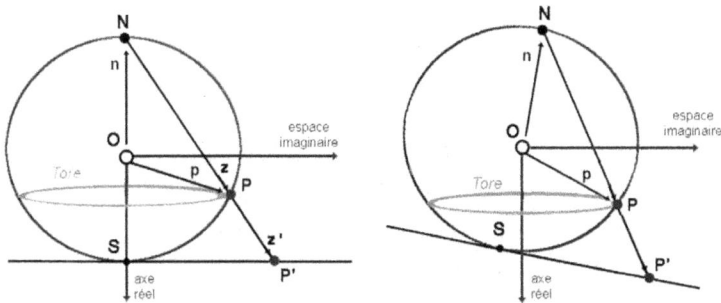

FIG. A.4 – Une hypersphère de rayon unité est représentée schématiquement par un cercle de centre O, un point P de cette hypersphère est projeté depuis le pôle N sur l'espace tangente au point S opposé à ce pôle en un point P'. Les grandeurs n, p, z, z' représentant les quaternions sont repérées dans quatro axes, un axe réel et trois axes imaginaires sous tendant l'espace imaginaire. Le point P est sur un tore de S_3 représenté schématiquement par une ellipse. L'axe du système de projection peut être aligné (a) ou non (b) avec l'axe de symétrie du tore. La comparaison de cette figure avec la figure A.1 montre l'analogie entre le traitement de la projection de S_3 avec des quaternions et celui de la projection du cercle avec des nombres complexes.

La résolution de ce problème peut être abordée de deux façons différentes en plusieurs étapes. Soit tourner le tore dans S_3, puis projeter sur un espace tangent confondu avec l'espace imaginaire, soit laisser d'abord fixe le tore mais excentrer le pôle, faire l'opération d'inversion donnant z' représentant des points transformés de S_3 dans R_4, puis par une rotation global de R_4 ramener le pôle en $(-1, 0, 0, 0)$. La partie purement imaginaire du quaternion

4. Mais la partie imaginaire d'un quaternion a trois composantes.

représentant l'objet ainsi obtenu est alors la projection cherché du tore. Pour des raisons techniques sans grande importances, la deuxième méthode est plus simple a mettre en œuvre en utilisant des opérations programmées avec « Mathematica » [95][5].

A.4.2   Projections du tore sphérique à trois dimensions

Comme exemple, appliquons ces opérations de projection à un tore sphérique de coordonnées $(\frac{\cos(\theta)}{\sqrt{2}}, \frac{\sin(\theta)}{\sqrt{2}}, \frac{\cos(\omega)}{\sqrt{2}}, \frac{\sin(\omega)}{\sqrt{2}})$. Le pôle est placé sur un des axes du tore au point $(-1, 0, 0, 0)$ correspondant à $\theta = \pi, \phi = \pi/2$ dans les coordonnées toriques de S_3 données au chapitre 2. On obtient le tore symétrique dans l'espace euclidien de la figure A.5a. Si le pôle, est tourné d'un angle α par rapport à la position précédente en prenant $\phi = \pi/2 - \alpha$, l'espace tangent à S_3 en un point diamétralement opposé à ce point est aussi déplacé dans le même mouvement. Le tore, qui lui reste fixe est alors désorienté par rapport à cet espace. Par projection, on obtient le tore asymétrique de la figure A.5b.

FIG. A.5 – Projections stéréographique d'un tore sphérique avec le pôle sur l'un de ses axes (a) ou décalé de cet axe d'un angle de $\alpha = \pi/10$ (b). Obtenu avec le logiciel Mathematica.

---

5. D'abord le référentiel des quaternions est fixe et le quaternion p courant, sur le tore, inchangé. Puis on fait subir au quaternion n une rotation d'angle α correspondant à l'inclinaison de l'axe NS par rapport à celui du tore et l'on calcule z'. Enfin on impose à l'ensemble tore et système de projection une rotation qui remet l'axe NS de ce dernier le long de l'axe réel des quaternions. L'opérateur décrivant cette rotation s'exprime simplement comme le quaternion $-n^{-1}$ puisqu'il doit agir sur le quaternion n de façon à lui donner la valeur $(-1, 0, 0, 0)$.

Appendice B

Fibrations de Hopf et de Seifert

B.1 Retour sur les fibrations

L'argumentation developpée dans la partie de l'ouvrage consacrée aux torsades repose sur une utilisation des fibrations de S_3 faisant largement appel à l'intuition. Nous revenons ici de façon plus formelle sur la notion de fibration par des familles de lignes dans S_3.

Nous rappelons qu'un espace E peut être considéré comme fibré s'il contient un sous-espace, une fibre, qui peut être reproduit par déplacement de façon telle qu'un point quelconque appartient à une seule fibre et s'il existe une application de E sur un autre espace, la base de la fibration, telle que tous les points d'une fibre sont représentés par un seul point de cette base. Par exemple une fibration de l'espace tridimensionnel euclidien R_3 est celle dont les fibres sont des droites R_1 parallèles et dont l'application consiste en une projection orthogonale sur une base plane R_2. Dans ce cas simple, la base R_2 est un sous-espace de l'espace fibré R_3, la fibration est alors dite triviale, mais cela n'est pas toujours le cas, en particulier pour les fibrations de S_3.

B.2 Fibration de Hopf de S_3

Dans une hypersphère S_3 de rayon R, une fibre de Hopf peut-être vue comme l'orbite de l'isométrie $e^{i\alpha}q$ où $\alpha \in [0, 2\pi]$ et où q est le quaternion représentant un point de S_3, une paire de nombres complexes (u, v) tel que $u\bar{u} + v\bar{v} = R^2$. L'application caractérisant la projection de Hopf, composition d'une application h_1 de S_3 vers le plan R_2 (avec l'infini inclu) et de l'inverse h_2

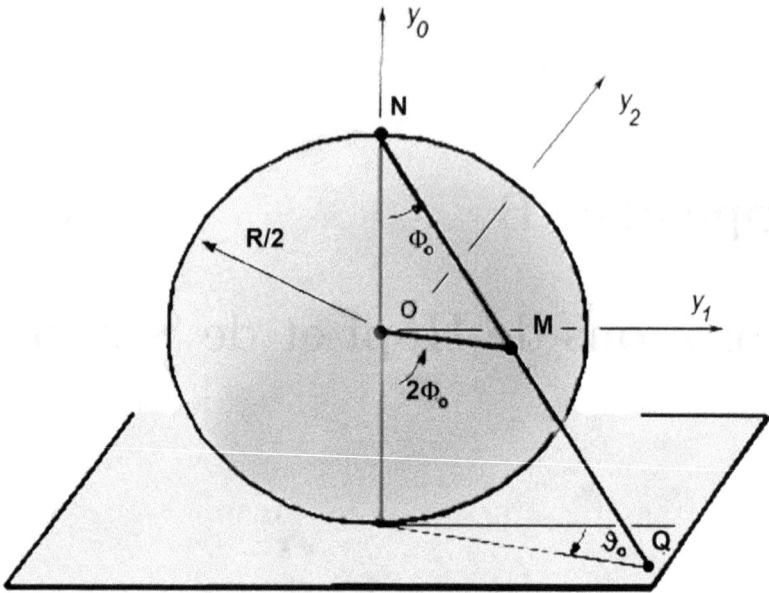

FIG. B.1 – Projection stéréographique inverse du plan complexe R_2 sur la base sphérique S_2 $(Q \longrightarrow M)$.

d'une projection stéréographique de R_2 sur S_2, définit cette dernière comme base de la fibration. Ces opérations sont telles que :

$$h_1 : S^3 \longrightarrow R_2$$

$$(u,v) \longrightarrow Q = uv^{-1} \quad \text{avec} \quad u,v \in \mathbf{C}$$

$$h_2 : R_2 \longrightarrow S_2$$

$$Q \longrightarrow M = (y_0, y_1, y_2) \quad \text{de coordonnée} \quad y_i \in \mathbf{R}.$$

Cette base S_2, n'est pas plongée dans S_3, sinon, le cercle d'une fibre la coupe- rait en deux points, ce qui contredirait le fait qu'une fibre ne doit être repré- sentée que par un seul point sur la base. La fibre étant définie comme l'orbite de l'isométrie $q \longrightarrow e^{i\alpha}q$) ou encore $(u,v) \longrightarrow (e^{i\alpha}u, e^{i\alpha}v)$ avec $\alpha \in [0,2\pi]$, il est clair, en appliquant la transformation h_1 aux points de cette fibre que $Q = u/v$ a la même valeur quel que soit α donc a la même valeur pour tous les points de la fibre.

Les angles $\phi_0, \theta_0, \omega_0$ définissant un point (u,v) de la fibre avec $u = Re^{i\theta_0}\sin\phi_0$ et $v = Re^{i\omega_0}\cos\phi_0$ l'application h_1 donne un point Q du plan complexe correspondant au nombre complexe $Q = e^{i(\theta_0-\omega_0)}\tan\phi_0$, de module $\tan\phi_0$ et de phase $\vartheta_0 = (\theta_0-\omega_0)$. La transformation h_2, transforme ensuite ce point du plan complexe en un point M de la sphère S_2, la base, de rayon $1/2$.

$$y_0 = \frac{1}{2}\cos(2\phi_0)$$

$$y_1 = \frac{1}{2}\sin(2\phi_0)\sin\vartheta_0$$

$$y_2 = \frac{1}{2}\sin(2\phi_0)\cos\vartheta_0.$$

Le rayon R de S_3 qui définit l'échelle des longueurs n'apparaît pas dans les coordonnées de la base ainsi décrite comme un espace représentatif des fibres, donc une réalisation de la base peut se faire avec une sphère de rayon quelconque. Cependant un choix intéressant du rayon de la base S_2 consiste à faire que la distance entre deux points représentatifs de fibres soit aussi la distance dans S_3 entre les deux fibres, quantité indépendante de la position sur les fibres. Pour cela il suffit d'introduire un facteur R dans les coordonnées (y_0, y_1, y_2) comme cela a été indiqué dans le chapitre 2.

B.3 Fibration de Seifert de S_3

Ces fibres qui font k tours autour d'un axe et l tours autour de l'autre[1], avec k et l entiers, sont caractérisées par la notation $\{k, l\}$. Comme pour la fibration de Hopf notée $\{1, 1\}$, elles peuvent être décrites en utilisant des quaternions.

On les définit comme les orbites de l'isométrie

$$q \longrightarrow e^{i(\frac{k+l}{2})\alpha} \cdot q \cdot e^{i(\frac{l-k}{2})\alpha}$$

avec $\alpha \in [0, 2\pi]$ ce qui, avec le quaternion q comme une paire de nombre complexes s'écrit $(u, v) \longrightarrow (e^{il\alpha}u, e^{ik\alpha}v)$.

B.3.1 Application sur le plan complexe

On recherche une base qui, comme pour la fibration de Hopf, présente la propriété d'avoir les distances entre ses points égales aux distances entre fibres. Pour cela on définit l'application des points d'une fibre sur le plan complexe par :

$$(u, v) \longrightarrow Q = \frac{u^k}{v^l} \quad \text{avec} \quad u, v \in \mathbf{C}$$

Ce choix entraîne de façon similaire à la projection de Hopf que tous les points d'une fibre soient représentés par un seul point du plan complexe.

---

1. La bibliographie sur ces fibrations conduit très vite à des publications difficiles pour les non spécialistes, par exemple [96] ; nous remercions ici Pierre Pansu (Département de mathématiques, Université de Paris-Sud, Orsay) pour plusieurs discussions sur ce sujet.

Sur le tore défini par l'angle ϕ_0, la fibre, passant par le point de coordonnées angulaires $(\phi_0, \theta_0, \omega_0)$, est représentée par le quaternion $(u, v) = (e^{il\alpha} e^{i\theta_0} \sin\phi_0, e^{ik\alpha} e^{i\omega_0} \cos\phi_0)$, est parcourue lorsque α varie de 2π. Le nombre complexe $Q = e^{i(k\theta_0 - l\omega_0)} \frac{(\sin\phi_0)^k}{(\cos\phi_0)^l}$, a un module $\rho = \frac{(\sin\phi_0)^k}{(\cos\phi_0)^l}$ qui est le même pour toutes les fibres du tore, car indépendant des angles θ_0 et ω_0 qui définissent la position des fibres sur le tore. Dans le plan complexe, les fibres sont donc représentées par le nombre Q de module ρ et de phase $\vartheta_0 = k\theta_0 - l\omega_0$.

Les distances dans le plan complexe sont définies naturellement par l'élément de longueur δl tel que la métrique soit $\delta l^2 = d\rho^2 + \rho^2 d\vartheta^2$. Mais cette métrique n'est pas telle que la distance entre deux points soit la distance entre les deux fibres qu'ils représentent. Nous allons modifier la métrique pour qu'il en soit ainsi, et cela va déterminer la forme de la base.

B.3.2 Métrique de la base de la fibration de Seifert

La distance entre deux fibres sur deux tores différents a deux termes :

- un terme correspondant à la distance entre les deux tores, donc simplement $Rd\phi_0$,

- un terme correspondant à une distance entre deux fibres d'un même tore.

Ces deux termes correspondent sur le plan complexe, aux variations du module ρ pour le premier, et aux variations de la phase pour le second.

La distance entre deux spires d'une même fibre tracées sur un même tore a été évalué dans le chapitre 2 section 1 :

$$L(\phi_0) = 2\pi R \frac{\sin\phi_0 \cos\phi_0}{\sqrt{k^2 \cos^2\phi_0 + l^2 \sin^2\phi_0}}.$$

cette distance est mesurée sur le tore selon une géodésique du tore. Ce n'est pas une géodésique de S_3, car sur un tore déplié en rectangle, la droite sur laquelle est mesurée cette distance ne se referme pas en un grand cercle. Par contre, si l'on cherche a obtenir, non plus la distance entre deux spires de la même fibre, mais la distance entre deux fibres voisines du tore (ϕ_0), cette difficulté se résoud en prenant deux fibres infiniment voisines définies par ϑ_0 et $\vartheta_0 + d\vartheta_0$, car leur distance est proportionnelle à $L(\phi_0)$. Sachant que la fibre définie par ϑ_0 est la même que celle définie par $\vartheta_0 + 2\pi$, on déduit que la distance entre les deux fibres infiniment voisines[2] est $\frac{L(\phi_0)}{2\pi} d\vartheta_0$.

---

2. Ce résultat vaut pour une distance infinitésimale, pour une distance finie il faut l'intégrer, mais avec ϕ_0 variable, car la géodésique n'est pas sur le tore. Par contre, la distance mesuré sur le tore entre deux spires est bien la longueur d'un parallèle de la base, mais ce parallèle n'est pas une géodésique de la base.

La métrique recherchée est donc :

$$\delta l^2 = R^2 \left(d\phi_0^2 + \left(\frac{L(\phi_0)}{2\pi} \right)^2 d\vartheta_0^2 \right)$$

$$\delta l^2 = R^2 \left(d\phi_0^2 + \left(\frac{\sin \phi_0 \cos \phi}{\sqrt{k^2 \cos^2 \phi_0 + l^2 \sin^2 \phi_0}} \right)^2 d\vartheta_0^2 \right).$$

Cette façon de présenter le problème est tout à fait cohérente avec l'approche proposée pour introduire la base S_2 de la fibration de Hopf. En effet, si on pose $k = 1$ et $l = 1$ on doit retrouver la métrique de la base de la fibration de Hopf. Dans ce cas avec $R = 1$, $\delta l^2 = d\phi_0^2 + (\sin \phi_0 \cos \phi_0)^2 d\vartheta_0^2$ qui prend la forme $\delta l^2 = \frac{1}{4} [d(2\phi_0)^2 + \sin^2(2\phi_0) d\vartheta_0^2]$, qui est bien la métrique d'une sphère de rayon $1/2$ paramétrée par les angles $2\phi_0$ et ϑ_0 en accord avec l'équation proposée pour la base de la fibration de Hopf. La modification de la métrique du plan complexe a donc consisté à lui imposer la métrique d'une sphère.

L'étude de la métrique ainsi définie pour la base des fibrations de Seifert montre que cette fibration est singulière pour $\phi_0 = 0$ et $\phi_0 = \pi/2$. La métrique au voisinage de $\phi_0 = 0$ prend la forme, avec $R = 1$, $\delta l^2 \approx d\phi_0^2 + \frac{\phi_0^2}{k^2} d\theta_0^2$ qui a une singularité conique à l'origine quand $k > 1$. De même pour $\phi_0 = \pi/2$ à l'autre pôle la base a une courbure positive si $l = 1$ ou une singularité si $l > 1$.

Cette métrique qui est imposée au plan complexe peut aussi être vue comme la métrique naturellement induite par une surface. Dans l'exemple de Hopf cette surface est la base sphérique. Dans le cas de la fibration de Seifert cette surface, la base de la fibration, est une surface de révolution du type de celle présenté sur la figure 11 du chapitre 2, avec deux pointes correspondant à $\phi = 0$ et $\phi = \pi/2$ quand k et l sont différents de un.

B.3.3 Courbure de Gauss des bases de fibrations de Seifert

La courbure de Gauss d'une surface de révolution paramétrée par la longueur de l'arc de méridien ϕ, et dont le parallèle en ϕ soit de longueur $\lambda(\phi)$ est $\kappa = -\frac{\lambda''(\phi)}{\lambda(\phi)}$. La figure B.2 présente cette courbure dans le cas : $k = 6$, $l = 1$, elle reste très faible pour $\phi < 1$ rd avec la valeur approchée $\kappa \approx 1 + 3\frac{l^2}{k^2}$, dans ce domaine la surface est quasiment conique.

L'intégrale de la courbure de Gauss d'une surface fermée sans singularité est 4π, mais ici il faut tenir compte des singularités qui apparaissent comme des concentrations de courbure, qui sont, en terme de défauts topologiques, des disinclinaisons. Alors en intégrant en dehors des singularités, l'intégrale de la courbure est 4π moins les angles de disinclinaisons $2\pi - 2\pi/k$ et $2\pi - 2\pi/l$. On obtient donc $\int_{\text{base}} \kappa ds = 4\pi - 2\frac{k-1}{k}\pi - 2\frac{l-1}{l}\pi$ soit encore $2\pi/k + 2\pi/l$.

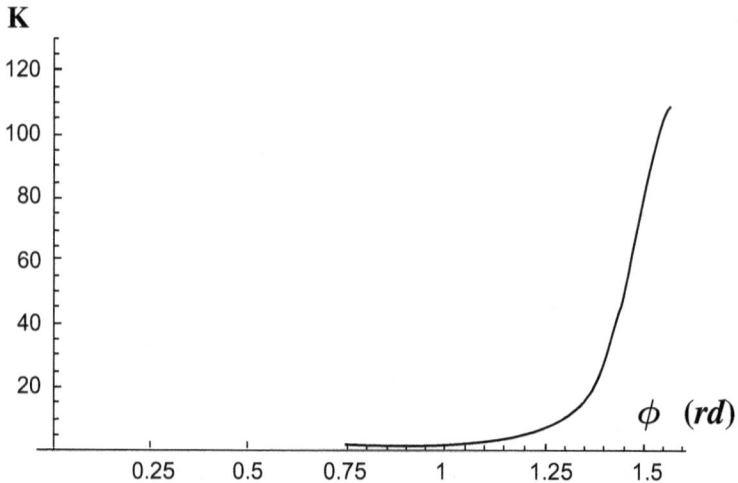

FIG. B.2 – Courbure de Gauss de la base de la fibration de Seifert $\{6, 1\}$ paramétrée par la longueur de l'arc de méridien ϕ; cette courbure a la valeur constante $\kappa = 4$ pour la base de la fibration de Hopf $\{1, 1\}$ qui a un rayon $1/2$.

B.4 Fibration de Seifert et fibration de Hopf disinclinée

B.4.1 Dislocations et disinclinaisons vis

Dans l'hypersphère S_3, les défauts topologiques sont associés aux symétries de rotation, mais afin d'y décrire les disinclinaison vis et de montrer comment elles sont reliées à la chiralité, nous traitons d'abord l'exemple plus simple des dislocations vis dans l'espace R_3 qui sont associées aux symétries possibles, translations et les rotations [97]. En utilisant la méthode de Volterra rappelée dans le chapitre 3, une dislocation vis est construite en créant une coupure suivant un demi-plan limité par la ligne de défaut, puis en translatant les deux lèvres de la coupure d'un vecteur de translation parallèle à la ligne de défaut et compatible avec les translations de la structure parfaite. Supposons un ensemble de cercles identiques, tous dans des plans parallèles, ayant leurs centres disposés périodiquement suivant un axe commun Δ. La distance entre cercles a une périodicité p définissant un vecteur $\vec{p}$ parallèle à l'axe. La structure de départ a donc une symétrie de translation suivant $\vec{p}$ et une symétrie de rotation continue d'axe Δ. Construisons alors une dislocation vis dans cette structure par une coupure bordée par l'axe et une translation de $\vec{p}$. Le résultat est une hélice de pas p dont la chiralité est associée à l'orientation du vecteur $\vec{p}$ comme représenté sur la figure B.3.

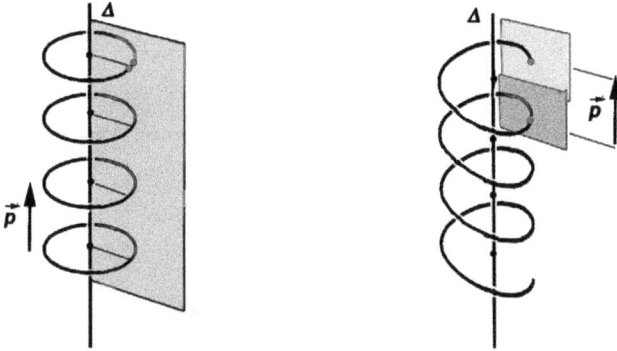

FIG. B.3 – Dislocation vis dans un ensemble périodique de cercles parallèles d'axe Δ. Un processus de Volterra permet de construire ce défaut. Pour cela les deux lèvres d'une coupure (demi plan grisé) sont translatées du vecteur $\vec{p}$. Une hélice est ainsi construite à partir de cercles empilés.

Afin de définir une opération semblable dans S_3, nous allons transposer cette construction de Volterra dans l'hypersphère. La translation n'existant pas dans S_3, comme rappelé dans l'appendice A, on ne peut opérer qu'avec des rotations et l'équivalent de la dislocation vis, un défaut de translation, y devient une disinclinaison vis, un défaut de rotation. Considèrons deux grands cercles de S_3, $C_{\infty 1}$ et $C_{\infty 2}$, dans deux plans de R_4 complètement orthogonaux définissant deux axes de rotations continues. Un de ces cercles, $C_{\infty 1}$, va jouer le rôle de l'axe Δ, donc être la ligne de défaut. La translation sera remplacée par une rotation autour de l'autre cercle.

Soit maintenant une structure dans S_3 : un ensemble de n petits cercles axés sur l'axe $C_{\infty 1}$ et se transformant l'un en l'autre par rotation d'ordre n autour de l'axe $C_{\infty 2}$ qui devient donc un axe se symétrie C_n pour cette stucture, n étant entier. Ces cercles sont des petits cercles tracés sur un tore ayant pour axes les deux axes $C_{\infty 1,2}$. La surface de coupure doit être une surface géodésique de l'espace, bordée par la ligne de défaut : c'est donc une demi-grande sphère limitée par le cercle $C_{\infty 1}$. Chacun des petit cercles perce en un point la demi-grande sphère de coupure. Par un processus de Volterra les deux lèvres de la coupure tournent l'une par rapport à l'autre de $2\pi/n$ autour de C_n, alors l'ensemble de petits cercles devient une hélice, sur le tore, faisant n tours autour de $C_{\infty 1}$ et un tour autour de $C_{\infty 2}$.

La représentation du tore déplié en un rectangle de la figure B.4, aide à visualiser ce processus de Volterra. Pour déplier le tore, il faut le couper suivant deux cercles qui deviennent ses côtés de longueur L et l. Un de ces cercles peut être pris suivant l'intersection de la demi-grande sphère de coupure avec le tore. Donc les deux lèvres de la coupure sont deux côtés opposés

(a)

(b)

(c)

(d)

(e)

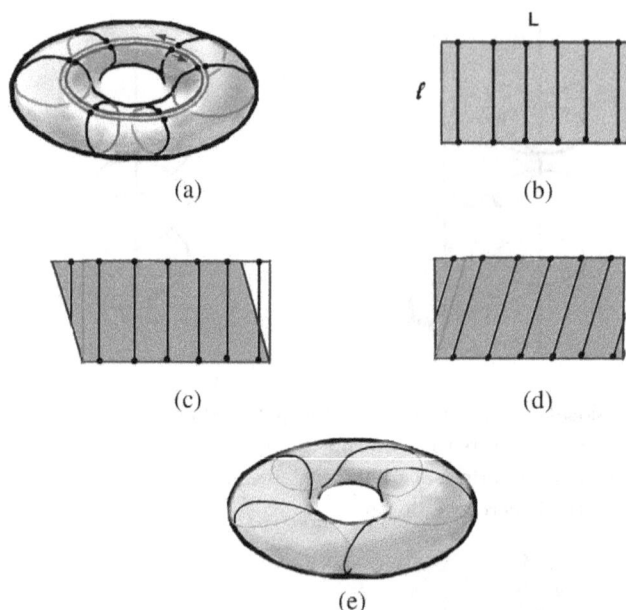

FIG. B.4 – Effet d'une disinclinaison dans S_3 sur un tore avec $n = 6$ petits cercles dessiné en (a). Les deux lèvres de la coupure de Volterra sont les cercles gris tracés sur le tore et ce tore est classiquement déplié en un rectangle (b), mais un autre choix en forme de parallélogramme de sa découpe est plus approprié (c). Ensuite, les deux lèvres du tores étant tournées l'une par rapport à l'autre de $2\pi/n$, ceci apparaît comme un cisaillement de la découpe en forme de parallélogramme, rétablissant la forme rectangulaire (d). Après repliement de ce rectangle, les petits cercles deviennent une hélice sur le tore.

du rectangle, par exemple les plus grands de longueur L. Sur le tore déplié en rectangle, les n petits cercles sont n segments de longueur l perpendiculaires aux grands côtés de longueur L et écartés de L/n. Le processus de Volterra en décalant les deux lèvres de la coupure, transforme le rectangle en parallélogramme, les deux grands côtés étant décalés de L/n. Les segments deviennent obliques en restant parallèles aux petits côtés du parallélogramme. Lors du repliement en tore, les segments forment une hélice.

B.4.2   Disinclinaison vis dans une fibration de Hopf

Considérons S_3 avec une fibration de Hopf. Parmi les fibres, nous en choisissons deux dans deux plans complètement orthogonaux comme les deux axes de symétrie $C_{\infty 1,2}$ de la fibration. Pour suivre le processus de Volterra déplions en rectangle l'un des tores porteurs de la fibration, avec ses fibres parallèles à une diagonale.

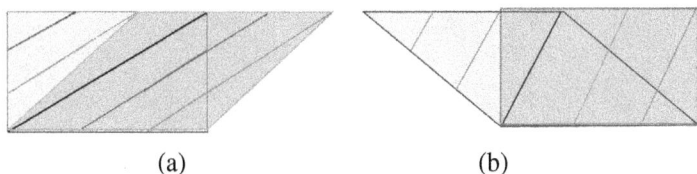

(a)   (b)

FIG. B.5 – Un exemple de disinclinaison dans une fibration de Hopf. Trois fibres de Hopf se correpondant par une rotation de $2\pi/3$ sont représentées sur un tore déplié en rectangle, ainsi que la découpe en parallèlogramme plus appropriée (a). Si L est la longueur du côté de ce parallèlogramme, le décalage des côtés est $L/3$. Ensuite un cisaillement de ce parallélogramme rétablie une forme rectangulaire (b), comme dans l'exemple de la figure B.4 pour la rotation relative des deux lèvres de la coupure de Volterra. Les trois fibres de Hopf deviennent alors une seule ligne faisant trois tours autour d'un des axes et un tour autour de l'autre axe. L'ensemble de la fibration est devenu une fibration de Seifert $\{3, 1\}$.

La figure B.5 explique comment le processus de Volterra change une fibration de Hopf $\{1, 1\}$ en une fibration de Seifert $\{3, 1\}$. Le cas général $\{k, l\}$ procède du même mécanisme. Il est surprenant alors d'observer qu'une disinclinaison vis dans S_3 fibrée apparaît sur la base de la fibration comme une singularité conique qui n'est rien d'autre qu'une disinclinaison coin dans une surface, qui s'obtient par un processus de Volterra en retirant un angle dans une surface plane et en recollant les deux lèvres de la coupure.

Appendice C

Courbures d'une surface

Nous rappelons ici les principales notions utilisées dans cet ouvrage pour décrire des surfaces, elles ont été extraites des références [1, 2, 98].

C.1   Point de vue local

Trois éléments de surface différemment courbés dans le voisinage d'un point sont représentés sur la figure C.1.

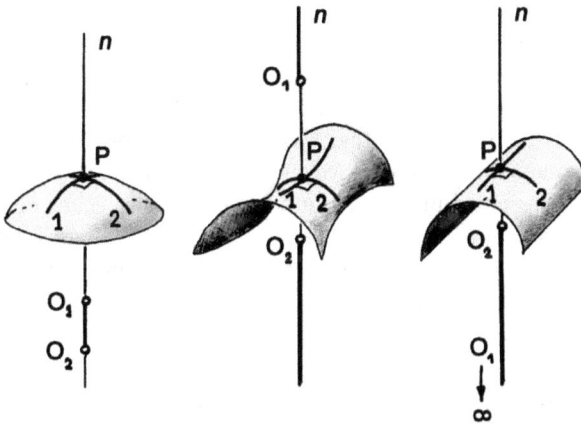

FIG. C.1 – Trois éléments de surface en bosse, en selle et en cylindre, correspondant à des surfaces dites elliptique, hyperbolique et parabolique.

Pour chaque élément, les courbes tracées sur la surface passant par P admettent une perpendiculaire commune qui est la normale n à la surface en P. Les plans contenant cette normale coupent la surface suivant des courbes planes assimilables localement à des arcs de cercle de rayons R, donc de courbures $C = 1/R$, centrés en O le long de la normale. Suivant la forme de l'élément, ces centres peuvent être du même côté de la surface, toutes les courbures sont alors de même signe, de part et d'autre, les signes des courbures diffèrent, ou à l'infini, une courbure au moins est nulle. Deux des arcs passant par le point P, notés 1 et 2 sur les dessins de la figure, admettent des courbures maximales et minimales en valeurs absolues par rapport à celles de tous les arcs passant par ce point, ils sont orthogonaux et leurs tangentes en P sont dites directions principales de la surface en ce point. La connaissance des deux courbures principales C_1 et C_2 suffit pour décrire la surface en P. On peut aussi la décrire en utilisant le produit C_1C_2, dit courbure gaussienne, et la somme $C_1 + C_2$ de ces deux courbures, dite courbure moyenne, C_1 et C_2 étant alors les solutions de l'équation $x^2 + (C_1 + C_2)x + C_1C_2 = 0$. L'intérêt de cette seconde description tient dans le fait que la courbure gaussienne[1] rend immédiatement compte des trois seules formes possibles de la surface au voisinage du point P, en bosse avec $C_1C_2 > 0$, en selle avec $C_1C_2 < 0$, cylindrique ou plane avec $C_1C_2 = 0$, les trois formes représentées sur la figure C.1. On ne peut évidemment se dispenser de prendre la courbure moyenne en compte, elle est par exemple nécessaire pour différencier la forme plane de la forme cylindrique qui ont toutes deux une courbure gaussienne nulle mais des courbures moyennes respectivement nulle et non nulle.

Discrétisation de la courbure gaussienne

La courbure est une propriété locale, qui influence l'organisation globale de la surface. Une façon d'examiner cet effet consiste à transformer les surfaces en surfaces polyédriques. Ainsi la figure C.2 présente des surfaces obtenues en construisant des pavages de carrés avec des nombres différents de carrés autour de chaque sommet. Ces pavages sont autant de surfaces polyédriques à faces carrées, les courbures gaussiennes des surfaces étant concentrées aux sommets. Sur les figures C.2 et C.3 des surfaces de topologies différentes, une propriété globale, sont représentées et on remarque que le nombre de carrés par sommet influence la topologie.

En effet, en enlevant un carré au pavage du plan avec quatre carrés par sommet, on diminue la somme des angles autour du sommet et l'on crée un sommet « en bosse » donc une concentration de courbure gaussienne positive sur ce point, dans le cas contraire on augmente la somme des angles et l'on crée un sommet à courbure gaussienne négative. La courbure gaussienne est bien associée au nombre de carrés premiers voisins portés par ces surfaces.

---

1. Comme indiqué au chapitre 2 section 5, la courbure gaussiennne est intrinsèque, c'est-à-dire évaluable à partir de quantités mesurables dans la surface seulement, par exemple l'aire ou le périmètre d'un disque en fonction de son rayon infinitésimal. La mesure des rayons de courbure n'est possible qu'en sortant de la surface et n'est donc pas intrinsèque. Pourtant, dans le cas de surfaces plongées dans l'espace euclidien tridimensionnel les deux définitions sont compatibles.

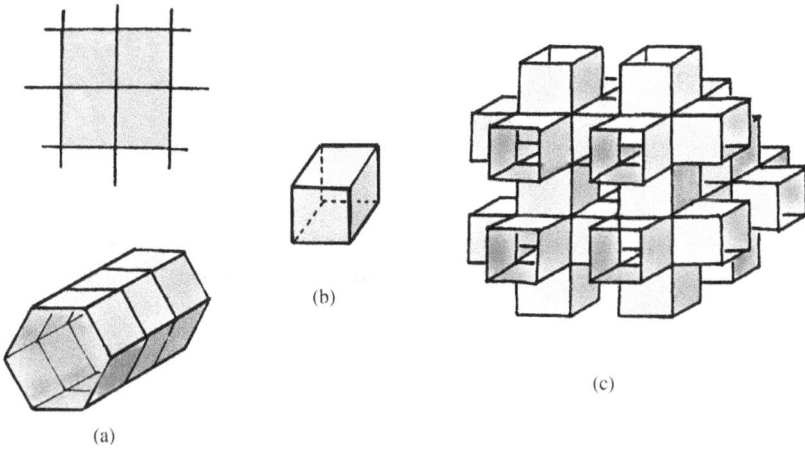

FIG. C.2 – Surfaces polyédriques construites en assemblant des carrés en nombres variables par sommet, 4 pour le plan ou le cylindre (a), 3 pour le cube (b), 6 pour une surface périodique de symétrie Im3m (c).

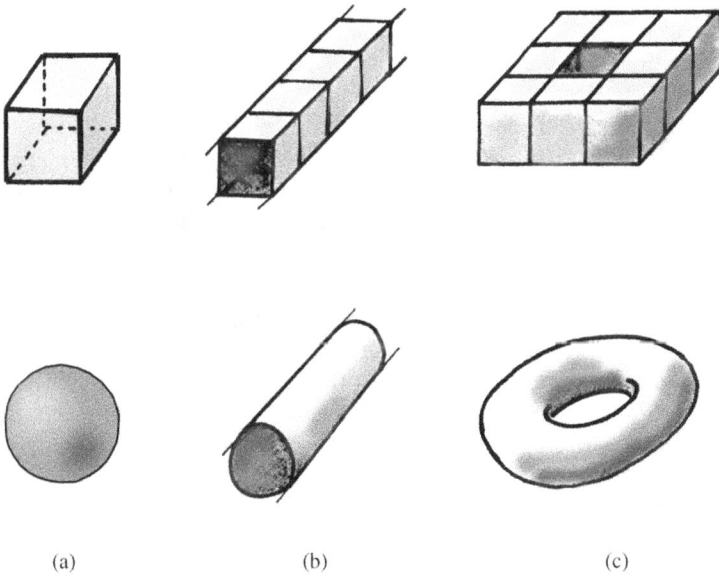

FIG. C.3 – Une sphère et un cube sont topologiquement équivalents (a), la courbure gaussienne uniforme de la première est concentrée aux sommets du second. Un cylindre droit (b) et un tore (c) construit en identifiant deux sections normales du cylindre, facetté ou non facetté, les intégrales des courbures gaussiennes de ces surfaces sont nulles.

C.2   Point de vue global

C.2.1   Topologie de surfaces fermées

Dans un premier temps nous ne considérons que des surfaces fermées, sans bord, sur lesquelles il est possible de construire des pavages ayant un nombre fini de sommets et de faces. Les polygônes de ces pavages, leurs nombres de sommets s, de côtés c et de faces f, organisés localement forment un ensemble qui contraint la topologie. Cela est formalisé par la célèbre formule $s - c + f = \chi = 2(1 - g)$, dite d'Euler-Poincaré, où χ est la caractéristique d'Euler de la surface et g son genre topologique. En comptant les nombres d'éléments s, c et f des pavages carrés des figures C.2 et C.3, on obtient que $g = 0$ pour le cube et $g = 1$ pour le tore. On trouverait les mêmes valeurs pour des surfaces non facettées gardant les lignes générales des surfaces polyédriques, la courbure gaussienne y étant distribuée plus ou moins uniformément, et cela indépendamment de la nature du pavage ou du maillage dessinés sur ces surfaces, ordonnés ou désordonnés. On montre ainsi que les surfaces polyédriques, comme le cube ou d'autre polyèdres réguliers ou non, sont topologiquement équivalentes à une sphère ou un ellipsoïde. On peut encore calculer facilement que la caractéristique d'Euler $\chi = 0$ et le genre topologique $g = 1$ pour un cylindre sectionné dont on a identifié les deux extrémités en construisant un tore à une anse, comme représenté sur la figure C.3.

En découpant une ouverture dans la paroi de ce tore, ce qui revient à enlever une face dans le pavage qu'il supporte, la caractéristique d'Euler de cette surface ouverte devient $\chi = -1$ et en assemblant deux tels tores le long des lèvres des coupures, comme représenté sur la figure C.4, on construit un tore à deux anses de caractéristique d'Euler $\chi = -2$, donc de genre topologique $g = 2$. On peut multiplier de telles opérations pour construire un tore à n anses en constatant que son genre topologique g reste égal à n.

Le genre topologique d'une surface correspond donc au nombre de ses anses[2]. La sphère n'ayant pas d'anse, son genre topologique est nul et il en est de même pour toutes ses déformations ne faisant pas apparaître d'anse, un ellipsoïde ou un géoïde par exemple sont topologiquement équivalents à une sphère. Le tore de genre 1 pouvant être construit en identifiant deux sections normales d'un cylindre, ou encore en identifiant deux à deux les côtés d'un carré, la construction du tore de genre 2 représentée sur la figure C.4b associe les deux carrés en un octogone.

La poursuite d'un tel processus pour des tores de genres plus élevés suggère une relation entre le genre et le nombre de côtés du polygone identifié. En fait les tores de genre g peuvent être construits en identifiant deux à deux les côtés d'un polygone à $4g$ côtés, un carré pour les tores de genre 1, un octogone pour les tores de genre 2, un dodécagone pour ceux de genre 3 comme représenté sur la figure C.5. Le pavage tracé sur la surface torique

---

2. Il est aussi possible de définir le genre comme le nombre maximal de façons de découper suivant des courbes fermées sans que la surface soit séparée en plusieurs morceaux.

(a)

(b)

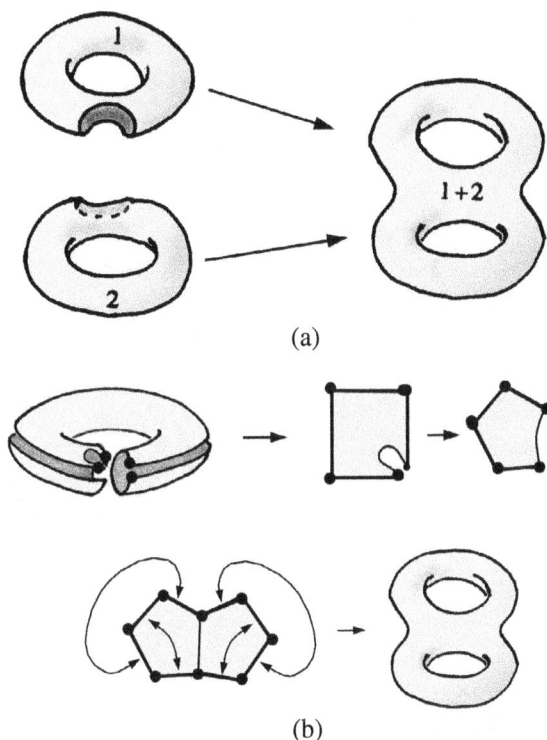

FIG. C.4 – Assemblage de deux tores (1) et (2) à une anse, $g = 1$, en un tore (1+2) à deux anses, après ouvertures des parois des premiers (a). Sur chaque tore $i = 1$ ou 2, on suppose un pavage (avec $s_i - c_i + f_i = 0$) tel que l'ouverture correspond au retrait d'une face, le nombre de faces est alors $f'_i = f_i - 1$. La relation d'Euler-Poincaré pour les deux tores assemblés $(s_1 + s_2 - a) - (c_1 + c_2 - a) + (f'_1 + f'_2) = -2$, où a est le nombre d'arêtes et de cotés de la face ouverte, correspond à un genre $g = 2$.

résultant de ces identifications est alors réduit à une seule face, le polygone, les sommets de ce dernier sont rassemblés en un seul et l'appariement des côtés en divise le nombre par deux, on vérifie alors que la valeur de la somme alternée d'Euler $s - c + f = 1 - 2g + 1$ est bien $2(1 - g)$.

C.2.2 Topologie de surfaces infinies

Le genre de surfaces fermées finies se détermine donc sans difficultés, mais pour des surfaces infinies comme le plan, un cylindre ou les surfaces infinies périodiques semblables à celle de la figure C.2c, il est nécessaire de préciser cette notion. Pour cela nous construisons des surfaces supportant un pavage périodique. Ainsi le plan et le cylindre admettent un pavage de carrés et le genre peut être alors défini modulo la région fondamentale. Dans le cadre de

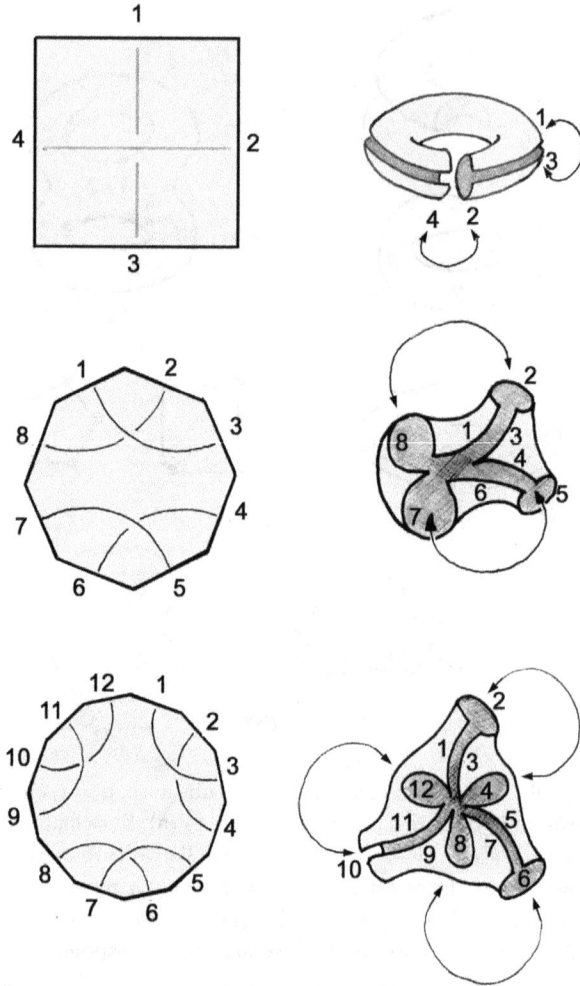

FIG. C.5 – Identifications des côtés d'un carré, d'un octogone et d'un dodécagone en tores à une, $g = 1$, deux, $g = 2$, et trois, $g = 3$, anses suivant les lignes dessinées à l'intérieur des polygones. Ces identifications n'ont pas été refermées pour laisser voir les surfaces.

cette description, un plan, un cylindre infini et un tore à une anse ont le même genre topologique $g = 1$, car ils présentent la même répétition périodique d'un réseau carré du fait des identifications utilisées pour construire les deux derniers à partir du premier. On procède de la même façon pour la surface de la figure C.2c qui est alors de genre 3. La figure C.6 illustre la relation entre une telle surface et le tore de genre $g = 3$, alors qu'un décompte en terme de nombre d'anses conduirait à un genre tendant vers l'infini.

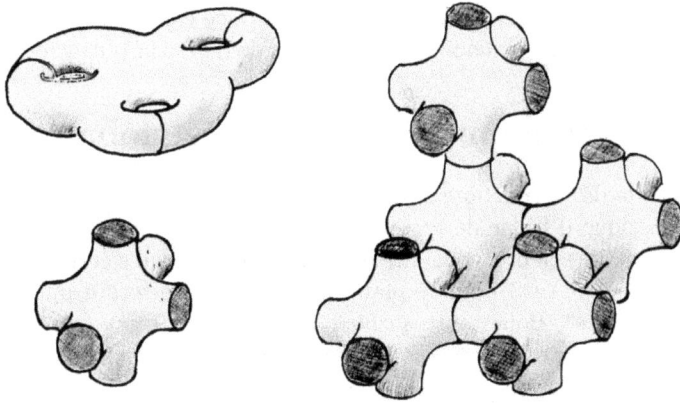

FIG. C.6 – Coupure des anses d'un tore de genre $g = 3$ et assemblage des unités de répétition ainsi obtenues pour construire une surface infinie périodique se développant suivant les trois directions de l'espace. Si l'on considère cette surface comme construite en ajoutant progressivement des anses, son genre tend vers l'infini, mais si l'on tient compte de sa périodicité le genre peut être réduit à trois dans son unité de répétition.

Si le genre d'une surface fermée finie caratérise entièrement sa topologie, l'utilisation pour des surfaces infinies du genre de la région fondamentale après identification ne caractérise pas complètement leur topologie[3]. Ainsi le plan et le cylindre qui ont le même genre du fait de leur courbure gaussienne nulle en tout point sont différents du point de vue topologique.

C.2.3 Genre et topologie

Le plan, le cylindre et le tore qui ont le même genre diffèrent cependant par leur courbure moyenne, nulle pour le premier et non nulle pour les autres. La courbure moyenne permet-elle de distinguer entre ces trois topologies différentes ? La réponse est négative, tout simplement parce que la courbure moyenne n'a de sens que pour des surfaces plongées dans un espace euclidien tridimensionnel, alors que la topologie est indépendante de ce choix. Un bon exemple de cela concerne le tore. Pour un tore dans l'espace euclidien tridimensionnel R_3, la courbure gaussienne varie de point en point, mais un calcul classique en géométrie montre que son intégrale sur la surface reste nulle, alors que celle des tores dans S_3 est nulle en tous points. Ces tores peuvent être plongés dans R_3 sans changement de la topologie, mais avec des distorsions métriques. Pour les tores de R_3 la courbure moyenne est bien définie alors que ce n'est plus le cas pour les tores de S_3. Par contre dans les deux cas

---

3. Ceci n'est pas surprenant si on remarque que le genre des surfaces infinies a été introduit au prix d'une propriété non-topologique : la périodicité.

l'intégrale de la courbure gaussienne sur la surface est nulle. Cette remarque conduit à considérer la valeur de cette intégrale de façon plus générale.

C.3   Relation entre le local et le global

L'intégrale de la courbure gaussienne sur une surface est en fait reliée à la caractéristique d'Euler de cette dernière, ou à son genre topologique, par une autre formule célèbre, celle dite de Gauss-Bonnet, qui s'écrit $\int_S C_1 C_2 ds = 2\pi\chi = 4\pi(1-g)$. Ainsi pour le plan, le cylindre et le tore à une anse cette intégrale est nulle[4]. Pour toute surface de genre $g = 0$, une sphère ou toute déformation sans anse de cette sphère, en ellipsoïdes, cylindres fermés à leurs extrémités par des hémisphères ou géoïdes divers, la valeur de l'intégrale reste 4π. Si l'on déforme de telles surfaces en leur ajoutant des anses, chaque anse ajoutée diminue l'intégrale de leur courbure gaussienne de 4π. Ainsi, l'intégrale de la courbure gaussienne d'un tore de genre $g = 3$ vaut -8π, comme celle de l'unité de répétition des surfaces infinies périodiques minimales de genre 3 décrites dans le texte et construites en assemblant les tores ouverts de la figure C.6.

La relation de Gauss-Bonnet exprime donc comment une propriété globale d'une surface, son nombre d'anses, est déterminée par une quantité locale, sa courbure gaussienne qui est le produit de ses courbures principales pour les surfaces plongées dans l'espace euclidien tridimensionnel.

---

4. Ainsi écrite la formule de Gauss-Bonnet ne s'applique qu'a des surfaces sans bord. Dans le cas contraire une correction tenant compte de la frontière est ajoutée, il faut en tenir compte si l'on ne considère par exemple qu'une portion de plan.

Appendice D

Torsion de fibres dans S_3

D.1 Comparaison de vecteurs d'un champ vectoriel

Dans les structures où des molécules ont tendance à s'aligner, comme par exemple dans un cristal liquide nématique, le champ de vecteurs tangents aux directions d'alignement permet de caractériser leur organisation. On compare l'orientation des molécules en deux points en considérant l'angle entre les vecteurs tangents aux lignes du champ passant par ces deux points. Les désorientations décrites dans le chapitre 5 sont ainsi définies comme la variation de cet angle en fonction de la distance entre les deux lignes, en particulier la torsion.

La définition d'un angle entre deux vecteurs éloignés dans un espace euclidien est immédiate, car il est toujours possible de construire en un point quelconque deux vecteurs parallèles à ces vecteurs et ainsi de déterminer un angle. Dans un espace courbé comme S_3, comparer deux vecteurs en deux points différents est plus difficile.

La comparaison de deux vecteurs d'un espace euclidien définis en deux points différents est possible, car il est possible de transporter de point en point un référentiel toujours parallèlement à lui même. Dans le cas d'un espace courbe définir l'angle entre vecteurs en des points différents, en particulier celui correspondant à la torsion, demande d'abord la construction d'un référentiel local caractérisant un espace tangent en chaque point, associé à une règle de transport permettant de comparer deux référentiels définis en deux points de l'espace. C'est cette règle de transport qui caractérise les notions de connexion et de transport parallèle introduitent en géométrie différentielle. Mais plusieurs referentiels locaux sont possibles, souvent construits à partir de vecteurs tangents aux lignes définies par variation des coordonnées, donc dépendant du choix du système de coordonnées. Alors la comparaison entre deux vecteurs localisés en deux points différents consiste à comparer leurs coordonnées dans les deux référentiels locaux [99]. Les résultats de cette comparaison sont donc dépendants du principe de génération des référentiels qui implique la façon de les transporter de point en point [100].

D.2   Référentiels locaux

D.2.1   Référentiel local du cercle S_1

Comme dans le cas de la projection stéréographique traitée dans l'appendice B, l'exemple du cercle comme espace courbe décrit avec les nombres complexes permet de comprendre la démarche. Soit un point d'un cercle de rayon ρ défini par le nombre $z = \rho e^{i\theta}$, fonction de l'angle θ. Pour simplifier prenons $\rho = 1$. Un vecteur unitaire tangent au cercle correspondant à un déplacement infinitésimal $\partial\theta$ est caractérisé par le nombre complexe $\frac{\partial e^{i\theta}}{\partial\theta}$ qui est aussi $ie^{i\theta}$. Comme sur la figure D.1 nous appelons, suivant le point de vue donné par ces deux écritures, e_θ ou e_i ce vecteur. Nous reprendrons ces deux points de vue, par dérivation ou par produit par l'imaginaire pur, dans le cas de S_3, mais on verra alors que les vecteurs de bases sont distincts ce qui justifie ces deux écritures. On remarque que le vecteur de base e_θ (ou e_i) de la droite tangente au cercle est défini comme une fonction de θ : il y a donc bien une règle de transport du référentiel de l'espace tangent de point en point du cercle.

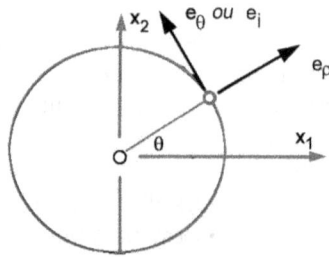

Fig. D.1 – Un cercle S_1 avec le référentiel local (e_θ, e_ρ) que l'on peut aussi nommer (e_i, e_ρ).

Dans cet exemple, le cercle est représenté dans le plan. Les vecteurs ayant deux composantes qui peuvent être vues comme les parties réelles et imaginaires de nombres complexes. il est alors pratique d'avoir un référentiel local bidimensionnel. Pour cela il est possible de compléter le vecteur e_θ (ou e_i) par un vecteur unitaire radial e_ρ. C'est le cas en mécanique pour définir un référentiel tournant.

D.2.2   Référentiels locaux dans S_3

Pour repérer un point de S_3 nous utilisons des quaternions construits soit avec des coordonnées sphériques soit avec des coordonnées toriques déjà introduites dans le chapitre 3. Afin d'alléger l'écriture des quaternions nous supposons $R = 1$ pour le rayon de S_3, dans le cas contraire il faudrait introduire des termes de normalisation contenant R. Les coordonnées sphériques $(\vartheta, \varpi, \varphi)$ sont liées aux coordonnées cartésiennes dans R_4 par :

$$x_1 = \cos \varpi$$
$$x_2 = \sin \vartheta \cos \varphi \sin \varpi$$
$$x_3 = \sin \vartheta \sin \varphi \sin \varpi$$
$$x_4 = \cos \vartheta \sin \varpi$$

alors que pour les coordonnées toriques (θ, ω, ϕ) on a :

$$x_1 = \cos \theta \sin \phi$$
$$x_2 = \sin \theta \sin \phi$$
$$x_3 = \cos \omega \cos \phi$$
$$x_4 = \sin \omega \cos \phi.$$

Un point de S_3 repéré par ses coordonnées peut aussi être vu comme le quaternion unité $q = (x_1, x_2, x_3, x_4)$ avec le choix fait de S_3 de rayon $R = 1$.

Nous allons construire plusieurs exemples de référentiels locaux en un point en utilisant les quaternions.

Le référentiel associé aux quaternions imaginaires purs

Comme nous avons introduit le nombre complexe pour représenter le vecteur tangent au point $\rho e^{i\theta}$ du cercle, en multipliant par l'imaginaire pur i, nous considérons les trois quaternions obtenus par produit à gauche du quaternion q par les trois quaternions imaginaires purs $(\mathbf{i}, \mathbf{j}, \mathbf{k})$. Les trois quaternions $\mathbf{i}.q$, $\mathbf{j}.q$ et $\mathbf{k}.q$ définissent les trois vecteurs (e_i, e_j, e_k). Avec les règles de Hamilton, il est simple de vérifier que ces trois vecteurs sont de norme unité et qu'ils sont orthogonaux entre eux. Comme ils sont orthogonaux au vecteur position sur S_3, ils forment bien un référentiel orthonormé de l'espace tangent à S_3 au point défini par q.

Le référentiel associé aux coordonnées sphériques

Dans le cas de l'exemple du cercle, avec un premier point de vue, nous avons introduit le vecteur tangent par dérivation du vecteur position par rapport au paramètre angulaire. Il est aussi possible de définir des vecteurs de l'espace tangent à S_3 par dérivation des quatre composantes du quaternion $q(\vartheta, \varpi, \varphi)$ par rapport aux trois coordonnées sphériques ϑ, ϖ et φ. On construit ainsi trois vecteurs de l'espace tangent :

$$e_\vartheta = \frac{1}{\sin\varpi}\partial_\vartheta q(\vartheta, \varpi, \varphi)$$

$$e_\varpi = \partial_\varpi q(\vartheta, \varpi, \varphi)$$

$$e_\varphi = \frac{1}{\sin\varpi \sin\vartheta}\partial_\varphi q(\vartheta, \varpi, \varphi).$$

Les coefficients sont tels que ces trois vecteurs définissent un nouveau référentiel orthonormé de l'espace tangent à S_3 au point considéré, distinct du précédent. Ceci se vérifie simplement à partir des quatres coordonnées de ces vecteurs qui sont aussi les quadruplets constituant les trois quaternions ci-dessus.

Le référentiel associé aux coordonnées toriques

Il est aussi possible de définir des vecteurs de l'espace tangent à S_3 par dérivation de $q(\theta, \omega, \phi)$ par rapport aux trois coordonnées toriques θ, ω et ϕ. On construit ainsi trois vecteurs de l'espace tangent :

$$e_\theta = \frac{1}{\sin\phi}\partial_\theta q(\theta, \omega, \phi)$$

$$e_\omega = \frac{1}{\cos\phi}\partial_\omega q(\theta, \omega, \phi)$$

$$e_\phi = \partial_\phi q(\theta, \omega, \phi).$$

Ici encore les coefficients sont tels que les trois vecteurs représentés par des quaternions définissent un nouveau referentiel orthonormé du même espace tangent à S_3 que dans les cas précédents.

D.2.3 Expression de vecteurs dans les référentiels locaux

Afin d'exprimer un vecteur à quatre dimensions dans les réferentiels locaux, il faut complèter les vecteurs de base par un quatrième vecteur e_r, le vecteur radial définissant la position sur S_3. Alors il est possible de définir une matrice de changement de base transformant les coordonnées d'un vecteur $\vec{v} = (v_1, v_2, v_3, v_4)$, exprimées dans le référentiel de R_4 en coordonnées locales[1].

---

1. Insistons une nouvelle fois sur le fait que les quaternions sont utilisés à la fois pour définir un point de S_3 où l'on place l'espace tangent, et comme coordonnées de vecteurs dans cet espace. Pour des raisons purement pratiques, le point de S_3 où l'on se place est toujours écrit ici à partir des coordonnées toriques, même si les vecteurs dans l'espace tangent dérivent d'autres systèmes de coordonnées. C'est pour cela que dans les matrices de transformation données ici les éléments sont fonction des coordonnées toriques.

Dans le référentiel (e_r, e_i, e_j, e_k) associé aux imaginaires purs, les nouvelles coordonnées du vecteur $\vec{v}$ s'écrivent, à partir des coordonnées v_i écrites en matrice colonne, $M_{im}.\vec{v}$, où la matrice M_{im} est :

$$\begin{pmatrix} \cos\theta\sin\phi & \sin\theta\sin\phi & \cos\phi\cos\omega & \cos\phi\sin\omega \\ -\sin\theta\sin\phi & \cos\theta\sin\phi & -\cos\phi\sin\omega & \cos\phi\cos\omega \\ -\cos\phi\cos\omega & \cos\phi\sin\omega & \cos\theta\sin\phi & -\sin\theta\sin\phi \\ -\cos\phi\sin\omega & -\cos\phi\cos\omega & \sin\theta\sin\phi & \cos\theta\sin\phi \end{pmatrix}.$$

Dans le référentiel $(e_r, e_\theta, e_\omega, e_\phi)$ associé aux coordonnées toriques, les coordonnées du vecteur $\vec{v}$ s'écrivent $M_{tor}.\vec{v}$, où la matrice M_{tor} est :

$$\begin{pmatrix} \cos\theta\sin\phi & \sin\theta\sin\phi & \cos\phi\cos\omega & \cos\phi\sin\omega \\ -\sin\theta & \cos\theta & 0 & 0 \\ 0 & 0 & -\sin\omega & \cos\omega \\ \cos\theta\cos\phi & \cos\phi\sin\theta & -\cos\omega\sin\phi & -\sin\phi\sin\omega \end{pmatrix}.$$

Dans le référentiel $(e_r, e_\vartheta, e_\varpi, e_\varphi)$ associé aux coordonnées sphériques, les coordonnées du vecteur $\vec{v}$ s'écrivent $M_{sph}.\vec{v}$. Dans ce cas encore, la position locale est repérée en coordonnées toriques. Alors, la matrice M_{sph} est :

$$\begin{pmatrix} \cos\theta\sin\phi & \sin\theta\sin\phi & \cos\phi\cos\omega & \cos\phi\sin\omega \\ -A & \dfrac{\cos\theta\sin\theta\sin^2\phi}{A} & \dfrac{\cos\theta\cos\omega\sin\phi\cos\phi}{A} & \dfrac{\cos\theta\sin\omega\sin\phi\cos\phi}{A} \\ 0 & -\dfrac{\cos\phi}{A} & \dfrac{\cos\omega\sin\theta\sin\phi}{A} & \dfrac{\sin\theta\sin\phi\sin\omega}{A} \\ 0 & 0 & -\sin\omega & \cos\omega \end{pmatrix}$$

avec $A = \sqrt{1 - \cos^2\theta\sin^2\phi}$.

Si les vecteurs que l'on considére sont des vecteurs tangents aux fibres, le vecteur $\vec{v}$ est un vecteur de l'espace tangent et donc la première coordonnée obtenue par passage en coordonnées locales, correspondant à la composante suivant e_r doit être nulle.

D.3 Angle de torsion

Il est important de pouvoir estimer la torsion entre des molécules modélisées dans S_3 comme alignées sur une fibration. La présence d'une chiralité dans les phases bleues ou dans l'ADN est d'ailleurs une des motivations de l'utilisation de S_3. Intuitivement il est « évident »[2] que la fibration de Hopf présente une double torsion qui se manifeste encore fortement après une projection stéréographique. Cette torsion dans S_3 est, comme indiqué au chapitre 2, proportionnelle à la distance entre fibres que l'on peut mesurer comme la distance entre points représentatifs sur la base de la fibration. La démarche intuitive peut être convaincante dans le cas d'une fibration de Hopf, mais pour une fibration de Seifert ce n'est plus le cas.

D.3.1   Torsion de la fibration de Hopf

Les fibrations de Hopf ont été présentées à l'aide des quaternions dans l'appendice A. Par exemple une fibre circulaire est obtenue comme la trajectoire d'un point q_0 sous l'action d'un quaternion $e^{i\theta}$, θ étant variable. Un vecteur unitaire tangent à la fibre au point caractérisé par q_0 est donc défini par le quaternion $\frac{\partial(e^{i\theta}q_0)}{\partial\theta} = \mathbf{i}.q_0$ avec $\theta = 0$. Ce résultat rappelle bien l'exemple du cercle présenté ci-dessus.

Vecteurs tangents aux fibres de Hopf dans le référentiel associé aux imaginaires purs

Au point q_0 le référentiel (e_i, e_j, e_k) est définie par $\mathbf{i}.q_0$, $\mathbf{j}.q_0$ et $\mathbf{k}.q_0$ donc dans ce référentiel le vecteur tangent à une fibre a pour coordonnées $(1, 0, 0)$ en tous points.

La conclusion peut être décevante : il n'y a aucune torsion, car comme dans un champ de vecteurs parallèles, les coordonnées des vecteurs tangents sont constantes. En fait, cela signifie que le référentiel local est transporté de point en point parallèlement à la fibration de Hopf. Un autre nom pour la fibration de Hopf est « parallèles de Clifford » (chapitre 3), cela rejoint cette conclusion. Remarquons à ce propos que les vecteurs e_j et e_k ne sont pas tangents à la surface des tores ϕ constant. Lorsque l'on se déplace le long d'une fibre de Hopf, ces deux vecteurs tournent en vrillant de la même façon que les fibres voisines.

Vecteurs tangents aux fibres de Hopf dans le référentiel associé aux coordonnées toriques

Le vecteur tangent à une fibre de Hopf passant par un point q_1 défini par ses coordonnées toriques θ_1, ω_1, ϕ est $t(q_1) = \mathbf{i}.q_1$. Soit donc

---

2. En comparant deux fibres voisines sur deux tores voisins définis par ϕ et $\phi + d\phi$ aux deux points $\theta = 0$, $\omega = 0$ dans la représentation en tore déplié en rectangle, on se convainc assez bien que l'angle entre les tangentes aux fibres est $d\phi$. Les choses sont un peu plus complexe si on refuse la représentation en tore déplié : il faut alors transporter un des vecteur tangent à l'origine de l'autre le long de la géodésique commune aux deux points $(\theta = 0, \omega = 0, \phi)$ et $(\theta = 0, \omega = 0, \phi + d\phi)$. On arrive alors à la même conclusion. Par contre si on considére deux fibres d'un même tore le problème est plus délicat à traiter analytiquement. Mais comme toutes les fibres de Hopf sont équivalentes, la torsion est identique quelque soit la direction dans laquelle on s'écarte d'une fibre.

$\{-\sin\theta_1\sin\phi, \cos\theta_1\sin\phi, -\cos\phi\sin\omega_1, \cos\phi\cos\omega_1\}$. En considérant ce quaternion comme les quatre composantes d'une matrice colonne, il s'exprime en coordonnées locales par $M_{tor}.t(q_1)$. On obtient les quatre coordonnées $\{0, \sin\phi, \cos\phi, 0\}$, la première étant nulle comme cela est le cas pour tous vecteurs de l'espace tangent.

Ce résultat est indépendant des angles θ et ω qui positionnent le point par où passe une fibre sur le tore défini par ϕ. Deux fibres sur le même tore ont donc des vecteurs tangents ayant les même coordonnées locales : avec ce choix de référentiel, elles sont parallèles. Par contre deux fibres sur deux tores différents ϕ et $\phi+d\phi$ ont des vecteurs tangents tournés de $d\phi$. Il y a une torsion lorsque ϕ varie (figure D.2). Dans S_3 les fibres sont décrites par une structure cholestérique avec ce choix de référentiel local. La figure C.2 explique comment le référentiel $(e_\theta, e_\omega, e_\phi)$ se déplace dans S_3 : e_ϕ reste toujours tangent aux géodésiques orthogonal au tore, alors que e_θ et e_ω restent tangents aux petits cercles θ, ϕ ou ω, ϕ constants.

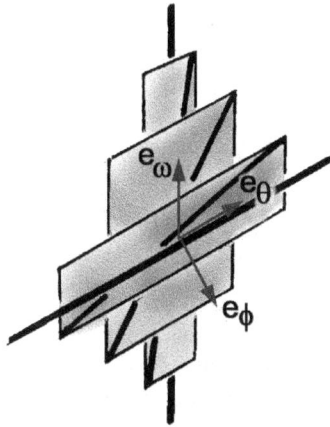

FIG. D.2 – Cette figure reprend la figure 6a du chapitre 2. Dans une représentation en tores dépliés en rectangles de S_3, les fibres de Hopf forment une structure cholestérique : il n'y a de torsion que suivant la direction ϕ. Le référentiel local $(e_\theta, e_\omega, e_\phi)$ est représenté sur un rectangle, les deux premiers vecteurs sont parallèles aux côtés des rectangles, le troisième est normal au rectangles. Dans S_3 les vecteurs e_θ et e_ω sont dans les tores (ϕ − constante), et e_ϕ est normal aux tores.

Vecteurs tangents aux fibres de Hopf dans le référentiel associé aux coordonnées sphériques

Soit deux fibres de Hopf voisines qui sont donc à distance constante l'une de l'autre. Sur une fibre considérons un point q_1 et sur l'autre fibre un point q_2 tel quel la distance entre les points soit la distance entre les fibres. Ainsi la torsion sera définie comme l'angle entre les vecteurs tangents à ces deux fibres en ces deux points divisé par la distance. Il est plus simple de considérer la distance entre fibre comme infinitésimale. La fibre passant par le point q_1 de coordonnées toriques $(\theta_1, \omega_1, \phi)$ est définie par $\{\cos(\theta - \theta_1)\sin\phi, \sin(\theta - \theta_1)\sin\phi, \cos(\theta - \omega_1)\cos\phi, \sin(\theta - \omega_1)\cos\phi\}$, l'angle θ étant variable. Son vecteur tangent en q_1 est $\mathbf{i}.q_1$. Sans perte de généralité nous choisissons pour coordonnées de q_1, $\theta_1 = 0$ et $\omega_1 = 0$. Pour le choix de q_2 il y a deux possibilités cadrant le problème : prendre q_2 dans le même tore (défini par ϕ) que q_1, soit le prendre dans un tore infiniment proche de celui contenant q_1 défini par $\phi + d\phi$. Dans ce deuxième cas, avec les coordonnées toriques $\theta_2 = 0, \omega_2 = 0, \phi + d\phi$ pour q_2, les deux points q_1 et q_2 ainsi que les fibres qui les contienent sont à la distance $d\phi$. Dans l'autre cas il faut choisir q_2 sur le même tore que q_1 à une distance ϵ également la distance entre fibres. Si cette distance est infiniment petite, elle peut être mesurée sur le tore. Alors les coordonnées toriques de q_2 sont $\theta_2 = -\epsilon \cot\phi, \omega_2 = \epsilon \operatorname{tg}\phi$ et ϕ. Par application de la matrice M_{sph} aux vecteurs tangents en ces points on obtient les coordonnées dans le référentiel sphérique $(e_r, e_\vartheta, e_\varpi, e_\varphi)$:

- $\{0, 0, -\sin\phi, \cos\phi\}$ pour la fibre de référence passant par q_1 ;

- $\{0, 0, -\sin(\phi + d\phi), \cos(\phi + d\phi)\}$ pour la fibre sur un tore voisin de celui contenant q_1 ;

- $\{0, \dfrac{\sin\phi\sin(\epsilon \cot\phi)}{\sqrt{1 - \cos^2(\epsilon \cot\phi)\sin^2\phi}}, -\dfrac{\sin\phi\cos\phi\cos(\epsilon \cot\phi)}{\sqrt{1 - \cos^2(\epsilon \cot\phi)\sin^2\phi}}, \cos\phi\}$ pour la fibre sur le même tore que q_1.

La comparaison des coordonnées des deux premiers vecteurs indique qu'ils font un angle $d\phi$. Le cosinus de l'angle entre le vecteur tangent de référence et le denier vecteur s'obtient par produit scalaire. Dans la limite ϵ infinitésimal, il est $1 - \frac{\epsilon^2}{2}$ correspondant donc à un angle ϵ : dans les deux cas l'angle de torsion est la distance entre fibres. Nous retrouvons un résultat intuitif, mais pour cela il faut évaluer les vecteurs dans le référentiel local sphérique.

Comment expliquer cela. L'espace S_3 est un espace homogène ayant les mêmes propriétés dans toutes les directions. Mais le choix d'un système de coordonnées peut rompre cette symétrie : les vecteurs des référentiels qui en découlent ne se comportent plus alors de manière nescessairement isotropes. Dans le cas des coordonnées toriques, les vecteurs $(e_\theta, e_\omega, e_\phi)$ ont une symétrie définie par les deux axe C_∞ introduits chapitre 2. Il n'ont plus la symétrie isotrope : très localement la symétrie est plutot axiale que ponctuelle[3]. Dans le cas du référentiel $(e_r, e_\vartheta, e_\varpi, e_\varphi)$ déduit des coordonnées sphériques, la symétrie reste localement isotrope autour d'un point, c'est donc bien avec ce choix que l'on appréciera la torsion.

---

3. Pour le référentiel (e_r, e_i, e_j, e_k) qui n'est pas dérivé de coordonnées la symétrie locale est hélicoïdale.

D.3.2 Torsion de la fibration de Seifert

Il n'y a pas de façon intuitive d'évaluer la torsion entre fibres de Seifert quand elles sont sur le même tore. Guidé par l'exemple des fibres de Hopf, nous exprimons les vecteurs tangents dans le référentiel local sphérique et suivons la même démarche que ci-dessus.

L'équation d'une fibre de Seifert (k, l) sur un tore défini par l'angle ϕ en coordonnées toriques, passant par le point q_1 de coordonnées $(\theta_1, \omega_1, \phi)$ est :

$$\cos(l\theta + \theta_1)\sin\phi, \sin(l\theta + \theta_1)\sin\phi, \cos(k\theta + \omega_1)\cos\phi, \cos\phi\sin(k\theta + \omega_1).$$

Le vecteur tangent à cette fibre est obtenu par dérivation par rapport à θ. Il est ensuite exprimé dans le référentiel local sphérique : $(e_r, e_\vartheta, e_\varpi, e_\varphi)$. De cette façon, trois vecteurs sont calculés : un vecteur de référence passant par $q_1 = (0, 0, \phi)$ en coordonnées toriques, un autre passant par $q_2 = (0, 0, \phi + d\phi)$ et un troisième sur le tore ϕ passant par q_3 a une distance ϵ de q_1. Il ressort après des calculs un peu fastidieux que l'angle de torsion entre fibres sur les tores ϕ et $\phi + d\phi$ est $\frac{kld\phi}{k^2 sin^2 \phi + l^2 \cos^2 \phi}$ et que l'angle entre deux fibres, distantes de ϵ, sur le même tore est $\frac{kl\epsilon}{k^2 sin^2 \phi + l^2 \cos^2 \phi}$. Dans le cas ou ϕ est petit, les deux angles varient comme la distance entre fibres proportionellement à l/k, mais contrairement au cas de la fibration de Hopf ceci n'est plus le cas si ϕ est grand (on rencontre de nouveau les mêmes limites que celles déjà évoquées à propos de l'approximation conique de la base dans le chapitre 5 et l'appendice B). Néanmoins, la torsion reste isotrope autour d'une fibre quand on s'éloigne de la région des petits ϕ.

D.4 Conclusion sur la torsion

Les difficultés qui sont soulevées dans cet appendice proviennent de ce que l'on a parfois tendance à extraploler à un espace courbe notre intuition euclidienne. La notion d'angle entre vecteurs et donc de torsion dans un espace courbe demande une construction équivalente au transport parallèle de vecteurs dans l'espace euclidien. Dans ce dernier cas il y a une solution « naturelle », mais ce n'est pas aussi immédiat dans S_3. Remarquons que l'on peut imaginer dans R_3 des règles de transport de référentiels bien plus compliqué que le transport parallèle. Dans S_3 il n'y a pas un choix qui s'impose simplement indépendamment de la question posée. Nous avons présenté trois exemples, chacun apportant un point de vue. Le choix d'un référentiel déduit des imaginaires purs montre un aspect important des fibres de Hopf : une forme de parallélisme dans S_3. Le choix du référentiel déduit des coordonnées toriques fait apparaître un aspect cholestérique de ces fibres bien intéressant pour le spécialiste des cristaux liquides.

Seul le choix d'un référentiel déduit des coordonnées sphériques fait apparaître l'état de double torsion, car ce référentiel se transporte de la même façon quelle que soit la direction dans laquelle on s'écarte d'un point. C'est donc bien le choix qui doit être fait, et alors la torsion des fibres de Hopf est celle que des considérations plus intuitives suggèrent.

Pour les fibrations de Seifert le choix d'un référentiel local déduit des coordonnées sphériques fait apparaître une double torsion isotrope, assez uniforme, mais cela dans une région de S_3 correspondant à l'approximation d'aggrégats de taille finie, telle que discutée dans le chapitre 5.

Bibliographie

[1] D. Hilbert, S. Cohn-Vossen, Geometry and the Imagination, Chelsea Pub. Comp., New-York (1952).

[2] H.S.M. Coxeter, Introduction to geometry. John Wiley and Sons, New York, London (1961).

[3] J.-F. Sadoc et R. Mosseri, dans Frustration géométrique, Eyrolles, Paris (1997) ou Geometrical frustration, Cambridge Univ. Press (1999).

[4] H.S.M. Coxeter, Regular complex polytopes, Cambridge Univ. Press (1973).

[5] H. Hopf, Mathematische Annalen, **104**, 637–665 (1931).

[6] M. Kléman, J. Phys. Lett., **46**, L-723 (1985).

[7] G. Seifert, Closed integral curves in 3-space and isotopie two-dimensional deformations, Proc. A.M.S., **1**, 287–302 (1950).

[8] H.S.M. Coxeter, Regular polytopes, Dover pub. (1973).

[9] T.J. Willmore, Riemannian geometry, Oxford Univ. Press (1993), Chap. 7.

[10] W. Helfrich, Z. Naturforsch, **28c**, 693 (1973).

[11] E. Evans et D. Needham, J. Phys. Chem., **91**, 4219 (1997).

[12] G. Porte, J. Appel et P. Bassereau, J. Phys. France, **50**, 1335 (1989).

[13] J. Nageotte, Morphologie des gels lipoïdes, Hermann (1936).

[14] H.J. Deuling et W. Helfrich, Biophys. J., **16**, 861 (1976) et J. Phys. **37**, 1335 (1976).

[15] C.R. Lipowsky, Nature, **349**, 475 (1991).

[16] X. Michalet, F. Jülicher, B. Fourcade, U. Seifert et D. Bensimon, La Recherche, **25**, 1012 (1994).

[17] L. Hsu, R. Kusner et J. Sullivan, Exp. Math., **1**, 191 (1992).

[18] U. Pinkall et I Sterling, The Mathematical Intelligencer, **9**, 38 (1987).

[19] H. Karcher, U. Pinkall et I. Sterling, J. Differential Geom., **28**, 169 (1988).

[20] R. Harbich, W. Servuss et W. Helfrich, Zeitfrich für Naturforshung, **33a**, 1013 (1978).

[21] W. Helfrich, J. Phys. Condensed Matter, **6A**, 79 (1994).

[22] X. Michalet, D. Bensimon et B. Fourcade, Phys. Rev. Lett., **72**, 168 (1994).

[23] V. Luzzati, A. Tardieu et T. Gulik-Krzywicki, Nature, **217**, 1028 (1968).

[24] J. Seddon, Biochimica and Biophysica Acta, **1031**, 1 (1990).

[25] P. Mariani, V. Luzzati et M. Delacroix, J. Mol. Bio., **204**, 165 (1988).

[26] J. Charvolin et P. Rigny, J. Chem. Phys., **58**, 3999 (1973).

[27] J. Charvolin, P. Manneville et B. Deloche, Chem. Phys. Lett., **23**, 345 (1973).

[28] J. Charvolin et J.-F. Sadoc, J. Phys., **48**, 1559 (1987).

[29] J. Charvolin et J.-F. Sadoc, J. Phys. Chem., **92**, 5787 (1988).

[30] J.-F. Sadoc et J. Charvolin, Acta Cryst. A, **45**, 10 (1989).

[31] M. Imperor-Clerc, Current Opinion in Colloid and Interface Science, **9**, 370 (2005).

[32] X. Zeng, G. Ungar, M. Imperor-Clerc, Nature Materials, **4**, 562 (2005).

[33] G.E. Schröder-Turka, A. Fogden et S.T. Hyde, Eur. Phys. J. B, **54**, 509 (2006).

[34] T. Landh, Cubic cell membrane structures, Thesis Lund (1996).

[35] J.A.F. Plateau, Statique expérimentale et théorique des liquides soumis aux seules forces moléculaires, Gauthier-Villars (1873).

[36] H. Schwarz, Gesammelte Mathematische Abhandlungen, Springer (1890).

[37] A.H. Schoen, NASA Technical Note TN-D-5541, (1970).

[38] Ch. Oguey et J.F. Sadoc, J. Phys. I France, 3839 (1993)

[39] J.-F. Sadoc, J. Phys. Lett., **44**, L.707 (1983).

[40] J.-F. Sadoc et R. Mosseri, Icosahedral order, curved space and quasi-crystals in Aperiodicity and order, M. Jaric editor, Acad. press (1989).

[41] E.L. Thomas, D.B. Alward, D.J. Kunning, D.C. Martin, D.J. Handlin et L.J. Fetters, Macromolecules, **20**, 1651 (1986).

[42] B.E.S. Gunning et W. Steer, Ultra structure and the biology of plant cells, Arnold (1975).

[43] P.M. Gaskell, Phil. Mag., **32**, 211 (1975).

[44] J. Charvolin et J.-F. Sadoc, Phil. Trans. R. Soc. Lond. A, **354**, 2173 (1996).

[45] S. Hyde et S. Anderson, Z. Kristallogr., **168**, 221 (1984).

[46] Y. Bouligand, J. Phys. France, **51**, C7-35 (1990).

[47] P.G. de Gennes, The physics of liquid crystals, Clarendon Press (1974).

[48] D.C. Wright et N.D. Mermin, Rev. Mod. Phys., **61**, 385 (1989).

[49] N.V. Hud et K.H. Downing, Proc. Natl. Acad. Sci. (USA), **98**, 14925 (2001).

[50] L.C. Gosule et J.A. Schellman, Nature, **259**, 311 (1976).

[51] U.K. Laemmli, Proc. Natl. Acad. Sci. (USA), **72**, 4288 (1975).

[52] D.K. Chattoraj, L.C. Gosule et J.A. Schellman, J. Mol. Biol., **121**, 327 (1978).

[53] J. Widom, R.L. Platonov et A.S. Tikkonenko, J. Mol. Biol., **144**, 431 (1980).

[54] Y.M. Evdokimov, A.L. Platonov, A.S. Tikhonenko et Y.N. Varshavsky, FEBS Lett., **23** 180 (1972).

[55] C.C. Conwell, I.D. Vilfan et N.V. Hud, Proc. Natl. Acad. Sci. (USA), **100**, 9296 (2003).

[56] D. Durand, J. Doucet et F. Livolant, J. Phys. II France, **2**, 1769 (1992).

[57] J. Pelta, D. Durand, J. Doucet et F. Livolant, Biophys. J., **71**, 48 (1996).

[58] E. Raspaud, D. Durand et F. Livolant, Biophys. J., **88**, 392 (2005).

[59] A. Leforestier et F. Livolant, Liquid Crystals, **17**, 651 (1994).

[60] J. Charvolin et J.F. Sadoc, Eur. Phys. J. E, **25**, 335 (2008).

[61] A. Leforestier et F. Livolant, Proc. Natl. Acad. Sci. (USA), **106**, 9157 (2009).

[62] B. Pansu et E. Dubois-Violette, J. Phys., **51**, C7-281 (1990).

[63] S. Meiboom, M. Sammon et D.W. Berreman, Phys. Rev. A, **28**, 3553 (1983).

[64] J. Sethna, D.C. Wright, N.D. Mermin, Phys. Rev. Lett., **51**, 467 (1983).

[65] E. Dubois-Violette et B. Pansu, Mol. Cryst. Liq. Cryst., **165**, 151 (1988).

[66] B. Pansu et E. Dubois-Violette, Europhys. Lett., **10**, 43 (1983).

[67] A. Saupe, Mol. Cryst. Liq. Cryst., **7**, 151 (1988).

[68] F. Gaill, J. Phys., **51**, C7-169 (1990).

[69] F. Gaill et Y. Bouligand, Tissue and Cell, **19**, 625 (1987).

[70] K. Okuyama, K. Okuyama, S. Arnott, M. Takayanagi et M. Kakudo, J. Mol. Biol., **152**, 427 (1981).

[71] J.-F. Sadoc et N. Rivier, Euro. Phys. J. B, **12**, 309 (1999).

[72] J.-F. Sadoc, Eur. Phys. J. E, **5**, 575 (2001).

[73] A.H. Boerdijk, Philips Res. Rep., **7**, 303 (1952).

[74] H.S.M. Coxeter, Can. Math. Bull., **28**, 385 (1985).

[75] C. de Duve, Une visite guidée de la cellule vivante, Belin, Paris (1987)

[76] A. Cooper, Biochem. J., **112**, 515 (1969).

[77] A.J. Hodge et J.A. Petruska, dans Aspects of protein structure édité par G.N. Ramachandran, Acad. Press London (1963).

[78] J.W. Smith, Nature, **219**, 157 (1968).

[79] J. Galloway, dans Structure of collagen fibrils, édité par A. Bairoti et R. Garrone, Plenum Press, New York (1985)

[80] D.J. Prockop et A. Fertala, J. Structural Biology, **112**, 111 (1998)

[81] R. Berisio, L. Vitagliano, L. Mazzarella, et A. Zagari, Protein Science, **11**, 262 (2002).

[82] Y. Bouligand, communication privée.

[83] J. Doucet, F. Briki, A. Gourrier, C. Pichon, L. Gumez, S. Bensamoun et J.-F. Sadoc, soumis à J. Struct. Biol.

[84] E. Belamie, G. Mosser, F. Gobeaux et M.M. Giraud-Guille, J. Phys. Condes. Matter, **18**, S115 (2006)

[85] J.J.B.P. Blais et P.H. Geil, J. Ultrastruct. Res., **22**, 303 (1968)

[86] L. Bozec, G. van der Heijden et M. Norton, Biophys. J., **92**, 70 (2007)

[87] G. Moser, A. Anglo, C. Helary, Y. Bouligand et M.-M. Giraud-Guille, Matrix Biology, **25**, 3 (2005).

[88] M.-M. Giraud-Guille, Calcif. Tissue Int., **42**, 167 (1988).

[89] Y. Bouligand, J.-P. Denefle, J.-P. Lechaire et M. Maillard, Biol. Cell, **54**, 143 (1985).

[90] S. Neukirch et G.H.M. van der Heijden, J. Elast., **69**, 41 (2002).

[91] S. Neukirch, A. Goriely et A. Hausrath, Phys. Rev. Lett., **100**, 038105 (2008).

[92] W.R. Hamilton, Proceedings of the Royal Irish Academy, **5**, 407 (1853).

[93] P. du Val, Homographies quaternions and rotations, Oxford Mathematical Monographs, Oxford at the Clarendon Press (1964).

[94] J.B. Kuipers, Quaternions and rotation sequences: a primer with applications to orbits, aerospace, and virtual reality, Princeton University Press (1999).

[95] Mathematica, Wolfram Research.

[96] J.S. Birman et R.F. Williams, Topology, **22**, I, 47 (1983).

[97] W.F. Harris, Sc. Am., **237**, 130 (1977) ; ou Pour la Science, **4** (1978) ; ou W.F. Harris, South African J. Sc., **74**, 332 (1978).

[98] J. Stillwell, Geometry of surface, Springer-Verlag, New York (1992).

[99] R. Dandoloff et R. Mosseri, Europhys. Lett., **3** (ll), 1193 (1987).

[100] J.-F. Sadoc et J. Charvolin, J. Phys. A: Math. Gen. **42**, 465209 (2009).

Index

Remerciements

Nous venons d'exprimer le point de vue suivant lequel les bases nécessaires aux descriptions d'assemblages supramoléculaires très divers de la matière molle et de la biologie s'inscrivent dans un cadre conceptuel unique. Cette démarche a nécessité la recherche de données et informations concernant une grande variété de systèmes et modèles. Pour cela, nous avons été guidés et aidés par plusieurs collègues expérimentateurs et théoriciens que nous remercions pour leur disponibilité et leur intérêt.

B. Fourcade (UJF Grenoble), X. Michalet (UCLA) pour les vésicules,

M. Impéror-Clerc (UPS Orsay), A.M. Levelut (UPS Orsay) pour les structures bicontinues,

E. Dubois-Violette (UPS Orsay), B. Pansu (UPS Orsay) pour les phases bleues,

A. Leforestier (UPS Orsay), F. Livolant (UPS Orsay) pour l'ADN condensé,

J. Doucet (UPS Orsay), F. Gaill (UPMC Paris), M.M. Giraud-Guille (UPMC Paris), G. Moser (UPMC Paris) pour le collagène,

R. Mosseri (UPMC Paris), N. Rivier (ULP Strasbourg) pour la modélisation des systèmes frustrés,

C. Oguey (Univ. Cergy-Pontoise), S.T. Hyde (ANU Camberra) pour la topologie des surfaces,

R. Dandoloff (Univ. Cergy-Pontoise), P. Pansu (UPS Orsay)pour la description des fibrations,

Y. Bouligand (Univ. Angers) pour le rôle des défauts dans la morphogenèse.

www.ingramcontent.com/pod-product-compliance
Lightning Source LLC
Chambersburg PA
CBHW070726220326
41598CB00024BA/3321